圆融

人做好，事做对，话说美

融

高岩／编著

时事出版社
北京

图书在版编目（CIP）数据

圆融：人做好，事做对，话说美 / 高岩编著 . —北京：时事出版社，2018.7（2019.6 重印）
　ISBN 978-7-5195-0240-9

Ⅰ.①圆… Ⅱ.①高… Ⅲ.①人生哲学–通俗读物 Ⅳ.① B821-49

中国版本图书馆 CIP 数据核字（2018）第 123982 号

出 版 发 行：时事出版社
地　　　　址：北京市海淀区万寿寺甲 2 号
邮　　　　编：100081
发 行 热 线：（010）88547590　88547591
读者服务部：（010）88547595
传　　　　真：（010）88547592
电 子 邮 箱：shishichubanshe@sina.com
网　　　　址：www.shishishe.com
印　　　　刷：三河市华润印刷有限公司

开本：670×960　1/16　印张：18　字数：260 千字
2018 年 7 月第 1 版　2019 年 6 月第 2 次印刷
定价：38.00 元
（如有印装质量问题，请与本社发行部联系调换）

前言

人生在世,每天都离不开三件事:做人、做事和说话。这是构成我们整个人生的三大基本活动,也是决定一生成就的三大能力。

不过,我们天天在为人,不一定就能把人"为"好;我们天天在做事,不一定就能把事做对;我们天天在说话,不一定就能把话说美。

因此,人人会说话,人人在做事,但结果却可能有天壤之别。这里边存在两种可能:一是这三种能力的欠缺,二是对三种能力的认识有误。特别是第二种原因,很多人都会走入误区,比如:有些人以为口若悬河就是口才好,但不懂得有时候沉默才是金;有些人以为左右逢源就是会做人,其实有原则有立场反而更能赢得别人尊重;有些人以为忙忙碌碌就是有事业心,不过很遗憾,更多的时候是在瞎忙,忙而无功。

能力缺的要好好修炼,走入误区的要好好修正。

本书高屋建瓴、大道至简,把握正确导向和大方向,说理与事例相结合,道理不啰嗦、不冗长、不枯燥,事例针对性强、现实性强,对于读者,特别是职场经验不丰富的年轻人来说,好读、易懂又实用。

人做好、事做对、话说美,这是我们一生都要修习的功课,当然,人的成长是一个过程，从懵懂无知到成熟老练，都是经过无数考验得来的。

不过，你越早悟到做到，就越可能顺畅步入人生的正道与大道，绕开许多障碍，尽早获得事业与人生的成功。

目录
Contents

第一篇
人做好：圆融的做人哲学

第一章　格局大小，决定成就大小

003 …… 没有格局意识，就有可能出局
005 …… 用什么来证明自己
006 …… 把自我融入到团队合作中
009 …… 手上有规矩，心中有尺度
012 …… 工作不分贵贱，态度却有高低
015 …… 既然别人都不愿做，那我就来做
018 …… 将竞争对手变成最好的协作者
020 …… 每日三省，向着完美进发

第二章　志气要高，身段要低

023 …… 信念的力量
024 …… 为你的梦想做出最佳的抉择
026 …… 目标越多，成就越少
027 …… 放下身段，俯身低就
029 …… 低下头，看清脚下的路
031 …… 不显山不露水
033 …… 像野草那样默默地生长

035 …… 得意切莫忘形

037 …… 低调做人不是低人一等

第三章 越自律，越能控制人生

039 …… 有自律就有收放自如的人生

041 …… 在自省中成长，在担当中强大

043 …… 要领导别人，先管好自己

045 …… 谨言慎行不等于畏首畏尾

047 …… 从改变习惯训练自控能力

050 …… 情绪都控制不了，谈何控制人生

052 …… 慎独是为人的最高境界

第四章 豁达是本草，心宽是良药

056 …… 万物法自然，豁达者不强求

058 …… 得与失无法分离，切莫患得患失

060 …… 想做大事，先要有做大事的胸襟

062 …… 过多的担心，会让幸福打折

065 …… 与其纠缠不清，不如果断放弃

067 …… 种植荆棘还是玫瑰

069 …… 让你的心灵跳出生活的囹圄

第五章 真正的善良，值得永远守护

072 …… 将心比心，换位思考

074 …… 谦虚是观察万物的基本态度

076 …… 尊重别人就是尊重自己

078 …… 错而能改，善莫大焉

081 …… 言必行，行必果

082 …… 常怀感恩之心

085 …… 莫以恶小而为之

第二篇
事做对：圆融的做事法则

第六章　责任，是做事最基本的态度

091 …… 没有平凡的岗位，只有不凡的使命

093 …… 负责任就是提升你的竞争力

095 …… 责任心为你赢得信任和尊重

098 …… 不管结果如何，全力以赴

100 …… 爱找借口的人不会轻易成功

102 …… 于细微处见责任心

104 …… 对组织忠诚，对职责负责

106 …… 把负责任变成一种习惯

第七章　匠心的年代，需要工匠精神

108 …… 像瑞士手表一样精准

111 …… 行走在通向完美的路上

114 …… 比最好再好一点

116 …… 不满足于尽力，要竭尽全力

118 …… 简单的事情用心做，你就是专家

120 …… 一辈子做好一件事，就是了不起

122 …… 越是无功利，越容易梦想成真

124 …… 匠人不在意质疑，只在乎专心做事

第八章　巧干胜蛮干，有头脑地做事

128 …… 打倒我们的不是问题，是恐惧
130 …… 越早发现问题，越快改正进步
132 …… 麻烦就是机会
133 …… 重点思考，抓住关键
135 …… 问题是变化的，方法是多样的
138 …… 如何应对解决突发事件
141 …… 棘手难题需要打破思维定势

第九章　做有效的事，有效率地做事

143 …… 找出拖慢效率的"罪魁祸首"
145 …… 也许你需要的只是一个计划
147 …… 轻重缓急，学会为工作排序
149 …… 多线并行，提高效率
151 …… 把空闲时间利用起来
153 …… 世界永远属于早起的人
155 …… 善用人体的"生理时间表"

第十章　浮躁的世界，心静者胜出

158 …… 当你独一无二，世界会加倍奖赏你
161 …… 你无法同时采两朵花的花蜜
163 …… 是否有一个目标，让你愿意为此付出一生
166 …… 成于敬业，毁于浮躁
168 …… 凡事浅尝辄止，最终一事无成
170 …… 只要不停止前进，再慢也能成功
172 …… 优秀都是"熬"出来的

第三篇
话说美：圆融的说话艺术

第十一章　说话讲礼貌，嘴上有口德

179 ······ 礼多人不怪，话美人人爱
183 ······ 简明扼要，条理分明
189 ······ 认真倾听，不乱插话
191 ······ 既不拆台也不揭短
192 ······ 根据对方心理反应应对说话
195 ······ 说话要合时宜
196 ······ 不同的人不同的心情说不同的话

第十二章　到什么山唱什么歌，见什么人说什么话

201 ······ 把要求变成商量
202 ······ 巧谏胜于死谏
204 ······ 辩解——明确责任而非推卸
206 ······ 如何巧妙应对刻薄话
208 ······ 如何应对比你地位高的人
210 ······ 如何应对态度强硬的人
212 ······ 如何应对对你有敌意的人
214 ······ 如何应对刁难你的人
216 ······ 如何应对吹毛求疵的人

第十三章　赞有赞法，批有批招

218 ······ 把赞美变成艺术

220 …… 把握好赞美的分寸
221 …… 称赞女性有秘诀
223 …… 赞扬是最好的激励方式
225 …… "三明治"式批评
227 …… 看破点破不说破
229 …… 间接让对方明白错误
230 …… 批评方式如何因人而异

第十四章　不尴尬地拒绝，不抵触地化解

233 …… 如何礼貌地拒绝他人
235 …… 如何婉拒上司的委托
238 …… 如何拒绝你不想接受的邀请
240 …… 把拒绝贯彻到底
243 …… 别赢得了争论失去了朋友
246 …… 避免使用让人感觉不舒服的字眼
248 …… 道歉的艺术
250 …… 共同点越多，抵触越少
252 …… 用"我们"化敌为友

第十五章　你说得动听，才有人愿意听

255 …… 开场白，说到听众心里
259 …… 触发联想，产生画面感
261 …… 场面话说得多，不如说得准
262 …… 如何在面试中合理推荐自己
265 …… 一个好的话题会引出另一个话题
267 …… 销售产品前，先推销自己
272 …… 90秒赢得顾客的心
276 …… 在不同场合搭讪时如何开场

第一篇 | 人做好：

圆融的做人哲学

◇ 第一章　格局大小，决定成就大小

◇ 第二章　志气要高，身段要低

◇ 第三章　越自律，越能控制人生

◇ 第四章　豁达是本草，心宽是良药

◇ 第五章　真正的善良，值得永远守护

第一章
格局大小，决定成就大小

「 没有格局意识，就有可能出局 」

把公司的利益放在第一位，不做危害公司的事，是拥有格局意识的一种体现。也许有人会说："我为公司工作，公司给我工资，除此之外，我没有得到其他的东西，因此，我实在没有必要跟公司共荣辱。更何况，这家企业倒闭了，我还能换一家企业。"

事实上，这是偏颇的世界观和价值观，是一种缺乏责任感和使命感的表现。要清楚，企业就是你的船，从你加入企业的那一天起，你就是这只船上的船员。在船上，所有的人都肩负着进退存亡的重任。即使你是游泳高手，逃离了这次灾难，但是这种缺乏责任心的工作态度，不管你去哪家公司，不管你有多高的职位，在需要裁员的时候，领导第一个想到的人一定是你。现今，职场上一些人为了自己的利益而损害公司的利益，甚至做出违法犯罪的事情来。也许他们会为了眼前的利益沾沾自喜，但是事实上，他们会失去更多。

格局意识是一种境界，它要求我们全面地看问题，以团队的利益为重，而不只是专注于眼前个人的利益。格局意识还是一种可贵的品质，它会给我们赢得良好的声誉。相反，一个缺乏格局观念的人，不管走到哪里都不会受欢迎。

企业就是你的船，你做了有损企业利益的事情，也就等于在做危及自己利益的事。作为企业的一员，我们更应该告诉自己：你是企业的中坚力量，那么就更应该把自己的利益和企业的利益统一起来，与企业同舟共济、荣辱与共。

一个领导者，只有具备了这样的格局意识，才能在复杂的形势面前把握正确方向，在大是大非面前不犹豫，在具体工作中把握全局，在涉及局部和个人利益时坚守原则和底线，经得起各种诱惑与考验。

克里丹·斯特是美国一家电子公司很出名的工程师。这家电子公司规模并不大，实力也不是很雄厚，时刻面临着规模较大的比利乎电子公司的压力，公司的处境很艰难。

有一天，比利乎电子公司的技术部经理邀请克里丹共进晚餐。吃饭的时候，这个经理说出了自己的真实目的："只要你把公司里最新产品的数据资料给我一份，我会给你很好的回报，怎么样？"

克里丹一向是个温雅的绅士，但这次却出奇地愤怒："不要再说了！我们公司目前的处境虽然不是很好，但我绝不会出卖自己的良心做这种见不得人的事，我是绝不会出卖自己的公司的！"

经理眼见克里丹的表情十分严肃，心知他是认真的，于是没有再提数据资料的事，反而拍了拍克里丹的肩膀："好好好，别生气，这事当我没说过。来，干杯！"

没过多久，克里丹所在的公司真的破产了，他也因此失业了。就在克里丹最沮丧的时候，竟意外地接到比利乎公司总裁的电话，说是让他去一趟比利乎电子公司总部，有要事与他面谈。

克里丹如约来到比利乎公司，接待他的是比利乎公司的总裁。更让他感到意外的是，总裁拿出一张非常正式的聘任书，要聘请克里丹做技术部经理！

克里丹惊呆了，喃喃地问："您没有开玩笑吧，这么重要的工作交给我，您放心吗？"总裁哈哈一笑，说："原来的技术部经理退休了，他向我说起了那件事,并特别推荐你。小伙子,你的技术非常过硬,你对企业的忠诚更是让我佩服,你是值得我信任的那种人!"

有些人不会傻傻地去做损害公司利益的事,因为他们会想:仅是自己发展好了,公司却没有发展,那么自己最终也好不到哪里去。所以,为了企业,也为了自己,我们需要有一定的格局,把自己的目标融入到企业的目标当中,做到真正地为全局着想。要知道,只有企业发展了,作为企业一员的个人才能有发展的机会。

「 用什么来证明自己 」

如果说肯干是工作的"通行证",那么能干就是工作的"资格证"。能干是你被企业选中的最基本要求,不能胜任谁会选你?

你不能在试用期里一直试下去,企业不是慈善机构也不是培训组织,需要你尽快进入工作状态,创造价值。因此,这个时候,你需要用业绩来证明自己。

职场中,有些人总是喜欢打听同事、同行的收入情况,比来比去。一旦自己收入不如别人,就义愤填膺,抱怨自己的付出多,收入低。其实,这是一种非常不好的风气。因为你在比较的时候只把目光放在了待遇上,却没想过对方的能力和付出。要知道,在职场上,业绩才是硬道理!每一分收入都有相应的付出。为什么不在比收入之前先比一下业绩呢?管理专家彼得·德鲁克说:"没有利润,就没有企业。"没有利润,企业就无法存活,更无法发展。那么,企业如何才能获得利润呢?老板和员工一同努力去获得业绩。如果一个企业没有业绩,企业就会倒闭,而员工也将失业;如果一个员工不能为企业创造业绩，那么必将无法在企业立足；如果一个员工不能带来出色的业绩，就很难获得大的职业发展。

业绩是企业衡量员工的关键指标。有业绩，才有发展，才有提升；没有业绩，不但升迁无缘，甚至无法立足。可以说，业绩是你安身立命的根本，也是你出人头地的"入场券"。在职业发展的道路上，有业绩，畅通无阻，没有业绩，寸步难行！

想要高薪吗？想要获得赏识吗？想要晋升吗？拿业绩来证明你自己！无论你曾经付出了多少心血，做了多大努力，也不管你学历有多高，工作年限有多长，人品是如何的高尚，如果你拿不出业绩，那么老板就会觉得他付给你薪水是在浪费金钱，你的结局也就不言自明。

戴尔·卡耐基曾经说过："一个不能给他人带来财富的人，自己也无法获得财富。你必须持续地为他人创造价值。"你不创造价值，如何获得报酬？多劳多得，少劳少得、不劳不得，永远是职场立足的根本。

一个员工必须要把努力创造业绩当作神圣的天职。因为，业绩才是硬道理。如果你无法用业绩来证明自己的能力，就很难在公司立足。

「 把自我融入到团队合作中 」

现代社会分工越来越细，已经不是一个人可以包打天下的时代了，不会合作的人，将无法高效率地工作。职场中，经常听到有人在那里怨叹："我都快累垮了，每天总有做不完的事，谁能来帮帮我……""我每天的心情都是压抑的，感觉天空都是灰暗的……"事实上，他们真的是做了很多工作，有些还是非常重要的工作，但是工作效率不高，或者说他们的付出没有得到在工作业绩上的公平回报，反而把自己搞得身心疲惫，最后业绩也没有体现出来。

也许你能力卓越,但是不屑于和其他人一起成长,仅靠你个人的能力,公司这辆大车也不能前行一步,因为个人的能力再出色,对于公司的发展来说也是杯水车薪。只有与同事一起成长,才能共同推动公司的进步。

英国作家萧伯纳说过:"两个人各自拿着一个苹果,互相交换,每人仍然只有一个苹果;两个人各自拥有一个思想,互相交换,每个人就拥有两个思想。"一个人可以凭着自己的能力取得一定成就,但是若能把个人的能力与别人的能力结合起来,就会把工作做得更完美。

比尔·盖茨是微软集团的创始人。但是,很多人都不知道,比尔·盖茨所取得的成就并不是他一个人创造的。其中,现任微软总裁史蒂夫·鲍尔默对比尔·盖茨的事业发挥了决定性作用。

微软在成立初期,曾经一度陷入重重危机。比尔·盖茨虽然是计算机技术方面的天才,但在管理方面却有些欠缺。比尔·盖茨十分清楚地认识到这一点,在学校期间,他就是一个沉默内向的人,参加的绝大多数交际活动都是好友鲍尔默极力鼓励的。

史蒂夫·鲍尔默也是哈佛大学的高材生,反应敏捷、判断准确、知识面广、善于把握商机,是一个天生的管家。

鲍尔默在高中时,就担任了校篮球队的经理人。当时的教练给了鲍尔默很高的评价,并且称赞鲍尔默是他当时见过最好的经理人。球队需要用的球和毛巾从不会乱放,总是有条不紊,在那时候他就是团队精神的典范,因而,整个队伍一直保持着良好的状态。

于是,比尔·盖茨决定去找鲍尔默。1980年,比尔·盖茨在他的游艇上以5万美元的年薪说服了当时就读于斯坦福大学商学院的鲍尔默加入微软,这两位性格迥异的好友通力合作,书写了一个创造财富的神话。

在荷兰,有一句这样的格言:"靠一根手指,连一个小石子也拾不起来。"

实际上，很多成功都是某种合作形式下的产物。

合作会增强力量，分裂会削弱力量。如果你想要提升工作的效果，那么从现在开始就积极融入团队，与同事通力合作，共同努力完成任务吧！团队合作，是每一名员工的重要品质，也是工作的有力保障。

每个员工都应该清楚：什么事是你必须做的、什么事是必须你去做的，如果能将上述两类事情分开，你就会发现在每天的工作中，有一些事情特别是例行的事情，完全可以交给别人，然后将有限的时间和精力投入到更重要的事情中去。

就像人们不能把整个海洋煮沸一样，个人的知识、能力都是有限的，依靠团队的力量共同完成项目无疑是明智的选择。因为工作会随着诸多因素的变化而增加。如果每件事都亲历亲为，那你只能处于无休止的加班之中，只会使自己的心情愈加烦躁。有的时候，有些工作交给了别人，你会发现他做得比你更好、更快。

黄鼠狼喜欢吃麂子肉。它们在发现麂子后，为首的黄鼠狼先让一部分黄鼠狼进行追堵，自己则迅速爬上高处。由于为首的黄鼠狼站得高、望得远，麂子又有爱绕圈的特点，它总能很快摸索到麂子的奔跑路线。另外一部分黄鼠狼在"首领"的指挥下预先埋伏在麂子要经过的路上，一听到"首领"的叫声，就出来袭击……由于分工明确，黄鼠狼追捕麂子的成功率特别高。

有的时候，人们会因为必须在一起工作，所以才产生合作关系，但这种合作既不可靠也不长久，通常会随某些具体项目的结束而结束。但没有别人的合作是不可能创造文明的，即使是像米开朗基罗一样的大艺术家，也需要助手、手工艺人和顾客才能完成他的作品。

要让团队中的每一个人都感到自己很重要，这样他们做事才会更有成就感，也更有责任感。一个人一旦觉得自己不重要，往往会非常沮丧，从而失去激情，这会导致工作效率和创造力的显著下降。

一个人的能力毕竟有限，依靠和利用团队成员的知识、经验和能力共同完成项目是明智的选择，只有善于利用别人的力量，才能取得更大的成功。

「 手上有规矩，心中有尺度 」

有一个刚入伍的新兵，初入军营什么都不习惯：不习惯天天穿着笔挺的军装、不习惯每天早起晨练、不习惯部队清淡的饮食、不习惯晚上十点的熄灯号……总之，他不喜欢也不适应军队严格的这些纪律。他是独生子，从小自由散漫惯了，但是如果他不遵守纪律，就会受到军法处分，甚至会被部队开除。

面对这样严厉的纪律，新兵感觉很苦恼，于是他问一名老兵："你们是怎么做到的？"

老兵的答案只有一个字："忍！"

新兵嫌老兵答得太笼统，于是追问道："除了忍，还有什么？"

老兵回答："服从，绝对服从……"

这个新兵按照老兵的指示，要求自己除了忍受，就是服从，服从所有这些严肃而有节奏的纪律生活，不久他竟然也能做到了。再往后，纪律便成了深入他骨子里的东西、潜意识里的东西，最终习惯成自然了。

一支富有战斗力的军队，必定有铁一般的纪律；一名合格的士兵，一定具有强烈的纪律观念。军队中的第一课永远都是让他们知道什么是服从。这并不奇怪，因为士兵并不是只要学会了战斗技能就可以上战场的，不懂得服从的士兵，什么都不是。要知道，没有服从力的军队永远只是一盘散沙，再精妙的战术也无从施展，再精良的武器也得不到有效的使用。

职场也是一样，对于公司而言，纪律是最重要的事情，是其维护正常工作秩序、确保有效开展工作的基本前提。这就要求团队中每一个成员都严格遵守公司的各项纪律要求，比如，要做到按时上下班、工作流程按照工作行为准则去做、不做违反职业道德的事情、保质保量地完成任务，等等。

没有规矩，不成方圆。

老蒋是北京一家科技公司的管理者，他发现在开会期间，经常有员工接电话的现象。为了保证开会质量，他和几位高层领导定下一个规矩：开会期间，不许接听电话、发短信，禁止手机发出声响。这一制度出台之后，老蒋发现只有当他参加会议时，大家才乖乖地关闭手机或调到静音。一旦他不参加会议，有些管理者依旧接听电话，一边拿着电话，一边说："对不起，我这个电话比较重要，是一个大客户。"对此，老蒋再次召开会议，并提来一桶水放在会议室说："从今天开始，谁在会议上接听电话、发短信，手机发出声响，一律将其手机扔进这桶水里。"

事情也真凑巧，当老蒋说完这句话，一位管理者的电话居然响了！老蒋走过去，什么话也不说，夺过对方的手机就扔进那桶水里。紧接着，又有一个管理者的手机响了，也被老蒋夺过去扔进那桶水中。老蒋的这一举动，让在场的所有管理者目瞪口呆。从那以后，开会的时候大家都很自觉地把手机调成静音，有些人甚至直接关机。结果是，会议上再也没有发生手机干扰事件，开会质量得到了保障。

当你看完这个案例，是否认为老蒋的做法有些太过严厉：不就是开会打了个电话嘛，有必要做得如此"绝情"吗？但换个角度想一下，如果他因为原谅或同情，对一两个会议上接电话的人"法外施恩"，坏了规矩，那又如何去靠规矩制约、管理其他人呢？相信会有更多的人有令不行、有章不循，按个人意愿行事，那么会议质量如何得以保障，一个公司又谈何立足和发展呢？

从人的本性上来说，任何人都不喜欢被纪律约束，人们更多的是对自由的渴望，对无拘无束的生活的向往。但在优秀匠人的理念里，纪律是为维护正常秩序而定的，自由是要在纪律规定的范围内实行的，没有纪律约束的自由不是真正的自由。人们具有强烈的纪律意识，便能在工作中自觉地遵纪守法，按规矩办事，如此很多事情就会相对变得容易得多，包括创造业绩、自我实现等。

在很多人眼里，田歌的运气特别好，她的晋升之路可以说是一帆风顺，甚至成为了公司里的一个传奇性的人物。

田歌大学时的专业是会计，而她初进公司的职务则是人事部文员。她长相一般，能力也说不上出类拔萃，但她在进入公司后的短短两年时间里，在每一个部门都做得有声有色，每一次调动都令人刮目相看。关于田歌的升迁，有各种各样的说法，大致上有一个共同点就是，大家觉得是好运气眷顾了她，给了她得天独厚的机会，否则她凭什么从人事部文员到营销部经理，一路绿灯、一路凯歌呢？只有田歌自己清楚。

加入这家大公司的时候，会计专业毕业原本打算去财务部的田歌被分到了人事部做一个不起眼的文员。那个部门，能言善道、八面玲珑、深谙权术的人比比皆是，跟他们相比，田歌甚至连菜鸟都算不上。但是在加入人事部之后，她不惹是非，恪尽职守，领导让她做什么，她总是竭尽所能，总是在第一时间把工作做得让人无可挑剔。当别人趁着老板不在扎堆抱怨工作百无聊赖、老板苛刻，甚至故意拖延工作的时候，她却在悄悄熟悉公司的各个部门、产品以及主要客户的情况，以求能够用最少的时间来摆脱扣在自己头上的那顶名叫"新人"的大帽子。

有一次，人事部经理出差了，营销部经理偶尔经过田歌的办公室，看到工作时间里大家都在三三两两聊天，只有田歌在认真地埋头工作，感受到了她的敬业精神。对此，田歌解释说："身在职场的我们必须要记住，领导不在公司，决不能成为你偷懒松懈的理由。恰恰相反，越是领导没有监督的时候，我们越是应该加强责任心，越是需要严格自律、忠于职守。"之后，营销部经理征求了田歌的个人意见后，就向上级打报告要求田歌去顶他们部门的一个空缺。

离开人事部加入营销部令田歌的世界骤然广阔起来，同原先一样，她的特色就是默默地努力。半年后，田歌的几份扎实的调查分析报告，为她赢得了一片喝彩。一年后，她已经是营销部公认的举足轻重的人物了，她在会议上气定神闲、无懈可击的发言为她赢得了营销部经理的职位。原来人事部的同事大跌眼镜，纷纷感叹田歌真是运气好，却不知一个遵纪律、守规矩的人到哪里都受欢迎。

回过头来问问自己，你漠视纪律、规则多久了呢？

要明白，想要更好地实现自我，成为价值型员工，你就绝对不能轻视纪律的力量，要严格要求自己，按照社会、企业的各项规定做事，依此逐步规范自己的行为，并将之变成一种自觉的行为习惯，如此你便能"随心所欲不逾矩"，充分发挥自己的才能，在激烈的竞争中稳居一席之地。

「 工作不分贵贱，态度却有高低 」

工作没有贵贱之分，但工作态度却有高低区别。

"记住，这是你的本职工作。"这是美国作家费拉尔·凯普发自内心的独白。在《没有任何借口》一书中，他做了如此的表白："既然你选择了这个职业，选择了这个岗位，就必须接受它的全部，而不是仅仅只享受它给你带来的益处和快乐。就算是屈辱和责骂，那也是这个工作的一部分，你只要去做就是了。如果说一个清洁工人不能忍受垃圾的气味，他能成为一个合格的清洁工吗?"

看一个人是否能做好一件事情,只要看他对工作的热爱程度就知道了。

王亮是某社区的一名保安,在他看来这样的工作太丢脸了,不仅需要一天到晚地巡逻,还时不时地被领导呵斥,得不到别人的尊重。他一直浑浑噩噩、得过且过,结果被物业公司开除了,连生活费都没有了。心灰意冷的王亮离家出走了,他决定徒步爬上泰山,然后从泰山之巅跳崖自尽。

当王亮万念俱灰地站在山崖处时,一段快乐的口哨声由远及近,从台阶下走上来一个灰头土脸的清洁工。他背着满满的垃圾筐,满脸笑容,边走边吹口哨,是何等的悠闲与快活!清洁工主动和王亮打招呼,并且和蔼地告诉他:"年轻人,泰山的风景很美吧,但为了你的生命安全,请不要站在那儿。"

都这个时候了,还有人关心自己,王亮有些感动,他觉得临死前和这个善良的人聊聊天也是一件令人欣慰的事情。看着清洁工快乐的样子,他有些不解:"你只是一个清洁工,为什么你这么快乐?"

"清洁工怎么了?"清洁工惊讶地说,"我清洁的是泰山的环境,让每一个来到泰山的游客都看到干干净净的美景,收获一份清清爽爽的好心情,这是多有价值的事情呀!而且,我真是太幸运了,我基本上每天都上泰山,每天都能免费观赏到泰山的美景,这让我每天都能神清气爽,这种工作多好!"

"是吗?"王亮有些不相信自己的耳朵,"我是一个小保安,我找不到自己的价值。"

"怎么会?保安可是一份神圣的工作。"清洁工严肃地说道,"你们夜以继日地坚守在各个角落,无论天冷天热,无论刮风下雨,为的就是让大家安心放心。缺了你们,居民们还能安心上班?缺了你们,大家还能安心回家睡觉?我很羡慕保安工作,也求职过,但年纪有些大了,人家不愿意要我。"

听到这番话,王亮为之一震,他真诚地谢过清洁工之后,轻快地走下山去。

俗话说"三十六行，行行出状元"，职业不分贵贱，态度却有高低。

轻视自己工作的人，会觉得工作十分苦和累，所以很难把工作做到最好。相反，一个拥有良好工作态度的人，不管他从事何种职业，不管他在什么工作岗位，都会敬重自己的工作，全身心投入工作，尽自己最大的努力，使个人价值得到确认和实现。在自我实现的过程中，他将体会到幸福的满足感。

由于所在的乐队解散了，大提琴手小林大悟就此失业，他开始四处求职，但由于没有一技之长，好工作并不好找。一天，小林大悟看到了一张条件惹眼的招聘广告——"年龄不限，高薪保证，实际劳动时间极短。诚聘旅程助理。"不料，当他拿着广告兴冲冲跑到NK事务所应征时却得知——"啊，那个是误导，我们要找人给去那个世界的人当助理。"事务所老板佐佐木向大悟说明了工作性质，所谓的"旅程助理"其实就是入殓师，负责将遗体放入棺木并为之化妆。

对冰冷尸体的寒噤，对腐烂肉体的恶心，对已逝的死者的恐惧，让小林大悟很难接受这份工作，而且很排斥。但佐佐木社长却说："让已经冰冷的人重新焕发生机，给他最后的尊严，给她永恒的美丽。这样的工作带着对生命的敬意与尊重，是值得尊重的。"正因为有了这样的认识，小林大悟接受了这份工作，而且他非常具有敬业精神，眼目低垂，饱含恭敬、虔诚、慈悲，一丝不苟地给死者擦身、化妆、穿衣，所有的举动都庄重准确，娴熟流畅，又不失温柔。

最终，小林大悟凭借这份入殓师的工作，不仅获得了财富和地位，赢得了众人的尊重和爱戴，而且还升华了自己的思想和精神境界，对此，他的感悟是："当你做某件事的时候，你就要跟它建立起一种难割难舍的情结，不要拒绝它，要把它看成是一个有生命、有灵气的生命体，要用心跟它进行交流。"

看，每一项工作都可以成为一种具有高度创造性的活动，当交付给你一项极平凡、极低微的工作时，你可以试着饱含热情地去理解它、对待它，这样的好态度会使你从平凡的表象中洞悉其中不平凡的本质，使你从平庸、卑微的环境状况中解脱出来，不再有劳碌辛苦的感觉，而是尊重它、珍惜它。

在现实中，假如每个人都能把自己的工作当成艺术一样创作，那么我们的工作会真的成为一幅艺术杰作，最终赢得众人羡慕的目光。

「 既然别人都不愿做，那我就来做 」

在职场中每个人都渴望受到领导的赏识，得到提拔重用，但是为什么成功的只是一小部分人呢？因为很多人在面对工作时，都拈轻怕重甚至是挑三拣四，不喜欢做一些看上去不太体面或者是费力不讨好的工作。殊不知，正是做好这些别人不愿意做的工作才最能体现一个人的良好素质。

阿里巴巴的创始人马云在一次文化讲坛上交流他的创业体会时说："我要做别人不愿意做的事，别人不看好的事。当今世界上，要做我做得到别人做不到的事，或者我做得比别人好的事情，我觉得太难了。因为技术已经很透明了，你做得到，别人也不难做到。但是现在选择别人不愿意做、别人看不起的事，我觉得还是有戏的，这是我这么多年来的一个经验，一个成功经验。"

成功者所从事的工作，是绝大多数的人不愿意去做的。或者，更准确一点说，我们每个人的智商其实都是差不多的，大家都想做的事，一定会竞争激烈，相对而言你自己来讲机会就少了。而那些别人都不愿意做的事情，因为竞争者较少，所以你的机会就会更多，容易取得事半功倍的效果。

梁伯强出生于广东梅州市梅县区的一个知识分子家庭，他18岁下海经商，曾经先后在广东、澳门、香港三地经商办厂，行业涉及旅游纪念品、烟草、电镀，可梁伯强心里不踏实——企业虽然不再为生存发愁，当机会越来越多，选择越来越多时，企业该走向哪里？他反而犹豫不决了。直到1998年的一天，梁伯强在一张包东西的旧报纸上，意外地发现了一则过时的新闻：朱镕基总理在接见全国轻工集体企业代表时，以指甲钳为例要求轻工企业努力提高产品质量。

当时国内的指甲钳工艺不成熟，投入生产周期长，利润又小，大企业不愿做，小企业做不来。梁伯强眼前一亮，决定让中国的指甲钳走上品牌生产道路。此后，他耗时一年先后考察了德、美、韩、意、日等二十多个国家的指甲钳生产厂家，摸清了国外指甲钳行业的详细情况，而且他前前后后进口了一千多万的产品，为的就是得到最先进的技术。最终，他选定把国外的"圣雅伦"品牌引入中国。

回到国内，梁伯强又请来了指甲钳及刀剪行业的各路专家，以解决产品的质量问题。各路专家在借鉴国外生产工艺的基础上，改进传统工艺，设计出了更为锋利的剪切型刃口。后来在北京展览馆举办的"国际礼品展"上，"非常小器·圣雅伦"以质优价廉的形象赢得了人们的关注，引来了大批的代理商和分销商。时至今日，"非常小器"已经成长为中国指甲钳第一品牌。

做别人都不愿意做的事，并把它做得更好，你就会取得成功。

在职场上，越是在别人不愿意做的事情上下功夫，越容易出成绩。因为当别人都不愿做的事情，你却主动去做的时候，这是一种积极主动的体现，不仅可以赢得领导的认同和赞赏，还可以锻炼自己的能力和意志。当你全心全意地做这件事情的时候，就会看到别人看不到的角度，得到别人得不到的机会。

泰克是在华盛顿某电视台工作的初级广告销售代表，作为一名刚入行的年轻人，在竞争如此惨烈的情况下，他明白自己必须比其他同事更加努力工作才能获得成功。工作期间，泰克总是主动去做更多的事情，公司的客户电话簿旧了，他主动会将电话号码誊写到新的电话簿上；老板要打印客户资料，他总是第一个跑到打印机前，他说得最多的一句话就是："来，让我做吧。"

有一次，台里需要有人来负责销售政治类广告，这是一个比较棘手的工作，要做好不仅要有丰富的经验，而且要付出比平时更多的时间和精力，更关键的是没有业绩也就没有提成，因此没有人肯接受这个"烫手山芋"。怎么办呢？正当公司一筹莫展的时候，泰克觉得既然别人都不愿做，那自己就来做，而且他在大学期间曾阅读过不少与华盛顿政治相关的书籍，对此会很有帮助。于是他主动找到领导，向领导表达了他希望做负责人的想法，还上交了一份关于未来工作计划的报告。

工作最初，泰克在市场调查、客户开发上遇到了很多困难，但他毫无怨言，马不停蹄地四处奔波，经常工作到半夜，一天只睡五个小时。就这样，一年的时间泰克掌握了本领域最全面的市场信息，拥有了相当数量的客户，也积累了丰富的知识与技能，将工作做得红红火火。最终，他不仅变成了高端商业客户的高级销售经理，而且还成了老板眼中的大红人，可谓业务和仕途双丰收。

瞧，很多成功的人不一定有多高的天赋，也不一定比别人运气好，他们只不过比普通人更主动而已。别人不愿意去做的事，他们去做了，而且是全身心地投入，努力地去做好。然而，也正是这看似不起眼的事情，最终决定了他们的收获比别人丰硕，因此他们成为了人人羡慕的成功者。

去做别人不愿意做的事情吧，或许这就是你获得成功的一个机会。

「 将竞争对手变成最好的协作者 」

人们常常把职场比喻成不见硝烟的战场，尽管这种说法有夸大之嫌，虽然这个战场不需要流血牺牲，但是其竞争的激烈程度也是非常惊人的，毕竟这关系着人们的切身利益。每一个职场中人都难免会遇到竞争对手，同自己在工作上你追我赶，在升职加薪面前你争我抢，时时威胁着彼此。

然而，对手并不意味着是"势不两立"的敌人，我们不能产生怨恨、防备和忌恨心理，更不能使用不光彩的手段在背后使绊子。因为，即使用旁门左道的办法一时领先了对手，也必将不能长久。要保持对竞争对手的优势，最好的办法就是把对手当作激励自己不断进步的手段，在工作中以极强的责任心提升自己的能力和价值，只要自己有真本领在手，就无惧任何竞争。

德国是拥有多个世界级名牌汽车公司的国家，其中奔驰和宝马最为出名。
有记者问奔驰的老总："奔驰车为什么会持续进步、风靡全世界呢？"
奔驰老总回答说："因为宝马将我们撑得太紧了。"
记者转问宝马老总同一个问题，宝马老总回答说："因为奔驰跑得太快了。"
奔驰与宝马的竞争结果是，两家公司都成为一流名牌，所以它们不得不把竞争的目光从德国转移到全世界，最终都成为世界级名牌。
美国的情况也是这样，就在可口可乐如日中天时，竟然有另外一家同样高举"可乐"大旗，宣称要成为"全世界顾客最喜欢的公司"，这就是百事可乐。之后，百事可乐和可口可乐展开了激烈的市场争夺战，它们在交锋中越战越强，销售量大幅度增长，实现了各自的不断壮大，成为风靡世界的饮料品牌。

没有竞争，就没有更好的发展；没有对手，自己就不会变得更强大。无论是德国的奔驰和宝马，还是美国的百事可乐和可口可乐，这些公司均没有急于排斥对手，而是积极地投入到竞争，把对手当作督促自己进步的力量，不断提升自己的价值，进而保持了强大的、持续的竞争力。

而对于职场上的我们来讲，正处在一个快速发展、不断变化的互联网时代，不选择向前进取，就得出局。竞争的意义就在于，你要想比别人跑得快，你就要付出更多的努力，否则就只有等待着被淘汰。在竞争中你必须自觉地去努力，做到更好，很多时候这就是赢取成功的关键所在。

大凡是取得成功的人，都善于将"死对头"变成最好的协作者，善于从他们那里获得更多前进的动力。

孙淼在一家电台做体育频道总监，与他同级的还有两位，其中音乐频道的陈晗，业绩做得不错，唯一的缺点就是个性太强。工作中业务"撞车"有时是难免的，有竞争也是很正常的，陈晗自恃个人工作能力强，看谁都不顺眼，每天与孙淼和另一位交通频道的总监在台里上演"对手戏"，明争暗斗抢业务的事情经常发生。这位交通频道的总监也不是吃素的，主动提出和孙淼"联手"，要将陈晗挤出去。

孙淼却拒绝了这一计策，他解释说："陈晗的工作能力的确没得说，职场中有对手是件好事。取其之长补己之短，端正自己的工作态度，虚心学习，努力提高自己的业务水平才是王道。"他不仅对陈晗态度和气，而且每逢音乐频道有活动需要协助时，他总是二话不说，积极地出点子、找路子，而且组织自己的客户积极响应。为了更好地做好工作，有不懂的地方，他会诚恳地向陈晗请教。节假日的时候，孙淼还会主动邀请其他两位总监一起出去喝喝茶，聊聊天，谈谈工作计划。就这样，陈晗对孙淼他们的态度慢慢缓和了，台里许多的矛盾和冲突化解了，也避免了一些不必要的损失。

一花独放不是春，百花齐放春满园。当三位总监其乐融融地工作，力气往一块使的时候，整个台里的工作气氛都是积极向上的，这也赢得了客户的认可和支持，为台里带来了许多经济利润。工作能力不断得到彰显，又有好的人脉关系网，孙淼不仅没有被陈晗"挤掉"，还被任命为台里的副台长。

由此可见，对于一个具有格局精神的人来说，竞争对手不是自己的敌人，而是自己的贵人。他们会将竞争当作自己不断努力的动力，无所畏惧地参与竞争，时刻提醒自己不能松懈，时刻拥有无穷的动力，积极主动地去做事，进而不断提升个人价值，并越来越接近自己预定的目标。

在竞争中成长，在成长中竞争，比对方做得更好。信守这个道理，你将是最大的赢家。

「 每日三省，向着完美进发 」

普罗米修斯创造了人，又在每个人脖子上挂了两只口袋，一只装别人的缺点，另一只装自己的，并且把那只装别人缺点的口袋挂在胸前，另一只则挂在背后。这个故事说明，人们往往能够看见别人的缺点，而容易忽视自身的缺点。在工作中，这样的做法是不合理的，不利于自身的成长和提高。

曾子曰："吾日三省吾身。为人谋而不忠乎？与朋友交而不信乎？传不习乎？"古人尚且能这样，我们更应该如此。这是因为，有没有自我反省的能力、具不具备自我反省的精神，决定了我们能不能认识到自己的不足，能不能不断地学到新东西，这是一次检阅自己的机会，更是一次提升自己的机会。

每个人都有自己的优点和长处，也有各自的缺点和不足。我们要想在职场中不断进步，把工作职责之内的每一件工作都做好，就必须经常反省自己，纠正自己的缺点，弥补自己的不足，这样我们才能不断提高自己的各项能力，胜任不同岗位上的工作，并将每一份工作都尽善尽美地完成。

新平做过很多产品的销售，如家电产品、房产、书籍等，但始终没能做出什么大名堂，业绩平平，是公司里平淡甚至有些庸碌的人。但后来在外人看来他像一位醍醐灌顶的"得道高僧"一样突然抬升到一个新层次，业绩突飞猛进，一跃成为公司的"销售大王""金牌业务员""销售标兵"。当朋友问及其秘诀时，新平给出的回答是——"每天反省自己，然后改造自己"。

刚入销售这行时，新平的工作是推销各种防盗门窗。上班的第一天，老板就交给他一个很重要的任务，到一个有钱客户家里推销防盗门。当他敲开门正待讲明来意时，客户只扫了他几眼，二话没说便"砰"的一声关上门。当时新平感觉自己的脸都快烧起来了，回到公司后对这份工作也失去了信心，这时一位前辈说道："你的外在形象不过关，如果客户不接受你，纵使你有最好的东西，也是无济于事，反省一下自己吧。"这时，新平看到了镜子中自己邋遢的身影：满面胡茬，衣服脏兮兮的，一条裤腿还掖在袜子里！这才恍然大悟，原来自己这么不得体，难怪客户不待见。

知道了自己的失败原因后，新平决定好好包装自己一下，第二天当他刮了胡子，穿着一身合体而精致的正装，神采奕奕地再次敲响客户的家门时，客户这次没有立即给他吃"闭门羹"，听他做完自我介绍后更是友好地请他进了屋。结果是，新平在客户家里待了一个多小时，喝掉了十几杯茶水，虽然他表现得有些紧张，但出人意料的是客户却当场在合同上签了字，买下了价值一万元的防盗门。

这件事情给了新平很大的触动，他明白了一个道理：要想成功先要毫无保留地彻底反省，然后努力改造自己。此后，新平每月会在家里举办一次"批评会"，目的是请家人、朋友、同事等指出自己的缺点，他甚至还花钱请征信所的人调查自己的缺点。"你的个性太急躁了，常常沉不住气""你有些自以为是，往往听不进别人的意见""你欠缺丰富的知识，必须加强进修"……新平把大家提出的宝贵意见都一一记下来，每天晚上八点进行反省。随着反省的定期进行，新平发觉自己就像一条蚕正在"蜕变"，每天都感觉自己就像获得了新生一样，快速有效地提高了个人能力。

新平的成功关键在于他有自省的能力和勇气，也就是能客观公正地审查自己，不留情面地剖析自己，他还热烈地欢迎别人批评自己。每一次自省都使他不断地打破自身局限，从思想到行动上重塑自己，他的个人魅力和工作能力均得到提高，一步步趋于完美。

随着时代的发展，工作的变化，我们在工作中必然要面临更多的问题需要解决，消极地逃避，还是积极地自省，将在很大程度上影响一个人的前途和命运。

为此，我们不妨时常全面而诚实地检视自己，经常问问自己，"我现在办事的效率是否太慢，需要做出哪方面的提高？""我现在为人处世的方式是否够机智、够成熟？""我的思维是否渐渐老化？是不是需要突破一些思维定势？""我现在的工作心态好吗？能否让自己获得成功？"……

坚持这样做下去，像天天洗脸、扫地一样天天自省，找到自己的缺点或者不足，然后不断改正，不断提升自己的能力，扩大自身的格局，相信你的整个人将实现越来越完美的蜕变。

第二章
志气要高，身段要低

「 信念的力量 」

《肖申克的救赎》这部电影讲述的是一个发生在监狱里的、长达19年的故事，是一个自我救赎、自我解放的故事，它所给予我们的已不仅仅是心灵的震撼，也激励着我们不论身在何处，不论遭受怎样强大的压迫，都应该坚持着成为最本真的自己。匹夫不可夺其志也，"志"是希望，是心中的意念，是对于自由的渴望。一个人绝不可以失去自己的信念，而一个内心足够强大的人，也没有任何事物可以从他心中夺走这信念的力量。

试想一下，若是故事中的主人公安迪在肖申克中失去了自己心中的那块圣洁之地，也许就会在这毫无人性的高墙之中消沉堕落了吧。那么，绝望也就是肖申克所给予他的礼物了。但安迪最终站了起来，肖申克夺去了他人生中最美的年华，但他恰恰是在这鬼门关中重获新生。

监狱中的19个年头，将会成为安迪一生中最值得被津津乐道的人生体验。各种各样的折磨反而凸显了他心中的那份持守。19个春秋的流逝足以让人捶胸顿足，因为这个年纪轻轻的银行家本可以做出更多更大的成就，然而既然年华已逝无法追及，不如就将这耽误的19年当作是人的一次新生。因为安迪真的成为了另一个境界中的人。

他的名字应该被肖申克所记住，更应该被每一个奋斗途中的人所记住。

安迪可能并未做出什么惊天地泣鬼神的伟大贡献，但他绝对是一首激励着我们的战歌，是一个标志。我们要走的路还很长，烦恼也因此滋生无数，然而每每想起安迪这样的传奇，便会觉得重新找回了自己遗失的力量。

"有的人忙着活，有的人忙着死。"我们为了自己的生活都付出了太多太多，有的人被物质的包袱压弯了腰，有的人选择了在逆境面前求饶。生命的意义究竟该如何定位？我们所要做的便是坚持成为自己，坚持为了自己心中的志向而奋斗。《肖申克的救赎》这部影片的内容价值已超越了一部电影，这首战歌将被永颂于我们心中。

「 为你的梦想做出最佳的抉择 」

当你长大逐渐成熟之后，你会开始思考你的人生何去何从，梦想会随之绽放。这是一件好事。没有了梦想，我们将会失去希望，只不过要记得你的梦想要充满希望。

但是，你的某些梦想会成真，其他的会渐渐消失或改变，更有些会在你的眼前粉碎。在你的人生中，你可能必须要放弃一到两个梦想。可是你这么做的时候，其他的机会又会展现在你面前。

约翰年轻的时候喜爱写诗，他不记得自己是何时开始爱上写诗的。诗始终是他生命中的一部分，他愿意用诗来表达自己内心深刻的感受，某些他感觉难以面对的事便以诗传达。

约翰大学毕业之后，在德州的爱尔巴索市的一家报社找到一份差事，他将所有的家当打包，开着自己的老爷车直奔德州开始新生活。这份工作只维持了两个月，报社便倒闭了，解雇了所有的员工。约翰只好另外找寻工作，却并没有很多就业机会。然而，妻子鼓励他应该把他的一些诗作集结成书，然后寻求出版。

在很小的时候，约翰便梦想成为一位名作家。妻子对他的信心令他十分陶醉，约翰是既兴奋又紧张。妻子白天当秘书，晚上做裁缝来维持日常生活，而约翰则日以继夜地创作他的第一本诗集。

约翰全心全意从事写作，等到完成时感到非常的自豪。他本想向全世界描述自己内心深处的梦想、希望和欲望，却发觉这个世界对其嗤之以鼻。他被退稿12次之后，就完全麻痹了；等到被拒绝了24次，他坐在后院凉亭，重新评估自己人生目标的优先次序。

这的确是件棘手的事，一位女演员要坐多久冷板凳才会放弃在电影中扮演第一个角色的希望？一个提琴手要试音几次，才会觉悟到他永远无法成为交响乐团的一员？一位舞者要尝试几回，才能明白她的动作不如舞台上那些年轻女孩妙曼，而终于下决心将舞鞋束之高阁？

约翰开始想到妻子想要住在一栋红砖屋的梦想：拱形的大门口，院子里的树叶摇曳，前面有个门廊，能让她傍晚坐在那儿休憩，向过路的邻居挥手打招呼。

以当时的财务状况而言，他们似乎永远达不到这个梦想。还好，后来约翰在湖公园市的一个广告公司谋得一个职位，夫妻二人竭尽所能节省每一分钱，不久便足够在中谷市建造他们的家园。

从某种意义上说，约翰放弃了成为诗人的梦想，而迁就于另一个比较小的梦。然而，每当他亲眼看到妻子坐在门廊里缝制衣服，向邻居挥手致意时，他就觉得成为诗人未必就是个值得追求的伟大梦想。

遵循你的梦想，做出最佳的抉择。 当你意识到你正为自己创造最佳的途径时，自然会得到心灵的平静。

「目标越多，成就越少」

生活中我们经常面临此类困惑：读书时候想考研、想出国、想找工作，结果却没有一个能做得好；工作时候渴望高收入、渴望出人头地，却又不肯放弃清闲的生活，结果一事无成。原因是拥有太多的目标，树立太多的参考标准，就会难以做出判断选择。世上没有两只走得完全一样的手表，面临众多的手表，我们要做的就是选择其中可以信赖的一只，尽力校准它，将其确认为自己的标准，听从它的指引行事。

有一次，一个青年苦恼地对昆虫学家法布尔说："我不知疲劳地把自己的全部精力都花在我爱好的事业上，结果却收效甚微。"法布尔赞许说："看来你是一位献身科学的有志青年。"这位青年说："是啊！我爱科学，可我也爱文学，对音乐和美术我也感兴趣。我把时间全都用上了。"法布尔从口袋里掏出一个放大镜说："把你的精力集中到一个焦点上试试，就像这块凸透镜一样！"

法布尔本人正是这样做的。他为了观察昆虫的习性，常达到废寝忘食的地步。有一天，他大清早就俯在一块石头旁。几个村妇早晨去摘葡萄时看见法布尔，到黄昏收工时看到他仍然伏在那儿，她们实在不明白："他花一天功夫，怎么就只看着一块石头，简直中了邪！"其实，为了观察昆虫的习性，法布尔不知花去了多少个这样的日日夜夜。

拉马克的父亲希望拉马克长大后当一名牧师，送他到神学院读书。后来由于德法战争爆发，拉马克当了兵，他因病退伍后爱上了气象学，想自学当名气象学家，他整天仰首望着多变的天空。后来，拉马克在银行里找到了工作，想当个金融家。很快的，拉马克又爱上了音乐，整天拉小提琴，又想成为一个音乐家。这时，他的一位哥哥劝他当医生，拉马克学医四年，可是对医学没有多大兴趣。正在这时，24岁的拉马克在植物园散步时遇上了法国著名的思想家、哲学家、文学家卢梭。卢梭很喜欢拉马克，常带他到自己的研究室里去。在那里这位"南思北想"的青年深深地被科学迷住了。从此，拉马克花了整整11年的时间，系统地研究了植物学，写出了名著《法国植物志》。拉马克35岁，当上了法国植物标本馆的管理员，又花了15年，研究植物学。当拉马克50岁的时候，开始研究动物学。此后，他为动物学花费了35年时间。也就是说，拉马克从24岁起，用26年时间研究植物学，35年时间研究动物学，成了一位著名的博物学家。

古往今来，凡是有成就的人，都像拉马克后来一样，很注意把精力用在一个目标上，专心致志，个个突破，这是他们成功的最佳方案。

放下身段，俯身低就

古罗马大哲学家西刘斯对于成功有着独到的见解，他说："想要达到最高处，必须从最低处开始。"对于想要追求成功的年轻人来说，这是一个相当不错的建议。

有不少刚刚走出校门的大学生自视甚高，以为有知识有文化就可以成就一番大事业。他们没有一丝奉献精神，满心都是以索取为目标。他们忽略自己已经得到的，而仰首期盼更高更远的东西，对现状也越来越不满意。

有一位名叫丹奴的年轻人，长久以来他被内心的不满和失衡深深地折磨着。一次，他在和同伴尼尔一起乘船出海时，突然豁然开朗，明白了生活的真谛。

尼尔的父亲是一位老渔民，几十年来以打鱼为生。他在渔船上从容不迫地撒网捕鱼，吸引了丹奴的注意，于是，两个人聊了起来。

丹奴问："你每天要打多少鱼？"

老渔民说："打多少鱼并不是最重要的，关键是只要不是空手回来就可以了。尼尔上学的时候，为了缴清学费，不能不想着多打一点。现在他也毕业了，我也不奢求打多少了。"

年轻的丹奴陷入了沉思，他看着无边无际的大海，突然想听听老人对海的看法。他说："海是伟大的，滋养了那么多的生灵……"

老渔民说："你知道为什么海那么伟大吗？"

丹努表示愿意听他讲下去。

老渔民接着说："海之所以能装那么多水，是因为它的位置最低。"

"位置最低！"丹努突然明白了，原来大海是以位置最低成就伟大的！老人之所以能够从容不迫，知足常乐，正是因为他把要求放得很低。

现在有很多年轻人陷入迷茫和焦虑的情绪中不能自拔，就是因为不能摆正自己的位置，常常被得失成败所困扰，最要命的是他们过高估计自己的能力，经常为自己的一点成绩而沾沾自喜，夜郎自大。很多人不明白，把自己的位置放得低一些，立足现实，站稳脚跟，然后一步步登攀，才能更快更稳地到达顶峰。

「低下头，看清脚下的路」

在很多情况之下，我们常常会发现脚下的路越走越狭窄，还很有几分曲高和寡的感觉。这实际上是我们自己的脚步发飘，思想不落实处所致。假如你将自己的头低下来看看脚下就会发现，其实我们脚下的路还是很宽的。

小李是一位博士，毕业后去找工作，当他在面试时拿出一大堆学位证书时，几乎所有的公司都不敢用他。为此，小李既感到困惑，又非常懊恼。经过认真思考，小李决定再去面试时收起所有证书，只以一种时下"最低身份"去求一份工作。

很快，小李被一家公司录用，做了一名很普通的程序输入员。说起来真是令人哭笑不得，"含金量"不是很高的程序输入员对小李来说，简直就是"高射炮打蚊子——大材小用"！可是小李却干得一丝不苟，严肃认真。不久，老板就发现，小李居然能够指出程序中的错误，这可不是一般的程序输入员可以看得出来的问题。这个时候，小李亮出自己的学士学位证书。老板看后，马上给他换了个与学士学位相配的工作。

可是过了一段时间后，老板又发现这个小李时常能提出许多独到又非常有价值的建设性建议，其创新理念远比一般的大学生要高明得多。于是老板又对小李另眼相看了。这时，小李才又亮出了硕士证书。老板很快就提升了他。

时间不长，老板觉得这个人还是和别人不一样，就找他谈话，对他进行"质询"。到了这时，小李终于拿出了博士证书。老板此时才对小李的水平有了全面的认识，毫不犹豫地重用了他。

小李这种以退为进、由低到高的办法，应该说是一种高超的自我表现艺术。

所谓世界上最难战胜的敌人就是自己。如果客观环境对自己不利，不妨暂时隐藏一下，屈身俯首做退一步打算。曲径则能通幽，可以通过迂回重新找到一条生存的道路。曾为孔子之师的道教创始人老子曾经告诫世人："不自见，故明；不自是，故彰；不自伐，故有功；不自矜，故长。"老子的意思是说，一个人不自我表现，反而会使他显得与众不同；一个不自以为是的人往往会超出众人；一个不自夸的人常常会赢得成功；一个不自负的人必将不断进步。

大学毕业生小高在校时成绩一直非常优异，老师、同学、父母对他的期望也很高，认为小高将来一定会有一番了不起的成就。可是，小高的成就并不是在政府机关或者是什么大的公司里，而是靠卖担担面卖出了名堂，最后居然成了当地一家很有规模的饭店的老板。

小高在大学毕业后的好长一段时间都没有找到工作。当小高得知家乡夜市里有一个摊子正在转让时，他就向家人和朋友借钱把这个摊子买了下来。自从小高当老板以来，他的大学生身份不知招来多少不以为然的眼光，可也为他招来了不少生意。但是小高对自己学非所用以及高学低用倒是从未介怀过，用他的口头禅说就是："放下架子，路会越走越宽！"

小高的事说明，能低下头来的人，其思考将会蕴含着高度的弹性，更不会有刻板观念的束缚。这种弹性的思考能吸收各种资讯，从而形成一个庞大的资讯库，这就是他能够得以发展壮大的无形资本。

「不显山不露水」

世界上成功人士很多，或者富有高贵，或者大智大慧。当我们研究他们的方方面面时就会发现，这些人大多过着不显富贵，支出有度的生活。不仅仅是他们自身深谙隐炫之道，他们还要求家族也必须遵循这一处世原则。

美国石油大王洛克菲勒是人所共知的全世界第一个拥有资产10亿美元以上的富翁。作为第一富翁，洛克菲勒的家庭生活水平自然是远远高于普通人家，甚至胜过美国一般的贵族家庭。尽管洛克菲勒如此富有，但他对儿女们的零用钱始终管束得很紧，从节俭的生活习惯中，足可以看出一代富豪不张扬挥霍，隐炫含富的处世哲学。

洛克菲勒规定了孩子们零用钱因年龄而异的具体标准：7至8岁的孩子每周给30美分，11岁的孩子每周给1美元，12岁以上的孩子涨到2美元。每人每周发放一次，并发给每人一个账本，要求他们清清楚楚地记录所有开销，以便于在领钱时审查。凡是钱账清楚，用途正当的，下周在发零用钱时就递增5美分，反之就要递减。洛克菲勒还允许做家务活可以得适当的报酬，用以补贴每个人的零用。例如：逮苍蝇、逮老鼠、背柴、垛柴、拔草等等，各得若干。在这一机制的激励下，孩子们都抢着干家务活。直到后来，已经当了副总统的二儿子纳尔逊和兴办新兴工业的三儿子劳伦斯还曾经主动要求两人合伙承包替全家人擦鞋的活，并细化定则为皮鞋每双5美分，长筒靴每双10美分。

在第一次世界大战期间，由于物资匮乏，洛克菲勒全家老小都在各自吃配给的份额，连在烤蛋糕时也要儿女们交出等量的食糖。儿女们在外出上大学期间，洛克菲勒规定他们的零用钱要与一般同学不相上下，假如有额外用途，必须事先另行申请。严格的规定，使得喜欢吃喝玩乐、交女朋友的四儿子温斯格普有一次欠账还不上，只好向大姐巴博借钱去救急。

洛克菲勒对家人的花销用度向来是严格的，在培养大家俭朴生活方面，就连对唯一的女儿也毫不放松。有一次，洛克菲勒发现女儿巴博在吸烟，就竭力劝她戒掉。洛克菲勒严肃地告诉她，如果不能戒掉烟瘾，就不会再给她奖金式津贴了。

大富翁洛克菲勒之所以要这样做，就是因为他知道富人进天堂，要比大骆驼穿过小针孔还难，"今天许多孩子有一种倾向，走最容易的路，走阻力最小的路"。洛克菲勒家族繁衍至今，并能够保持平安兴盛，也几乎没什么人对他们心存嫉恨或口出恶言，这和洛克菲勒一贯倡导推行的世代俭朴、为人低调的家风有直接关系。

中国人在这方面更是不乏其例，从古到今，有许多令人深思的人和事。曾国藩就是其中一个。

曾国藩是农家出身，所以他一直不忘勤俭节约的家风，就是后来身居高官的显耀时期，也从不敢有半点奢侈。在几十年的为官生涯中，曾国藩"不敢稍染官宦气习，饮食起居，尚守寒素家风"。他对于衣食住行的一贯态度是"极俭也可，略丰也可，太丰则吾不敢也"，吃的清苦，穿戴也不讲究。当时有的人以数千金购买衣物，可是像他这样的高官，竟然"所有衣服不值三百金"。曾国藩喜欢喝茶，但是却很节省，他时常请人带钱回老家，让家里人替他在家乡买既便宜又好的茶叶带到军营里来。

曾国藩不但自己勤俭，更严格要求家里人也应当勤俭，并且"时举先世耕读之训，教诫其家"。曾国藩在率军驻扎安庆的时候，他的夫人亦随在军中。曾国藩要求夫人每日纺棉纱，"以四两为率，二鼓后即止"。夫人也很自觉，经常是纺纱直至深夜。有一天夜里，夫人纺纱甚是投入，不觉已到了三更，长子曾纪泽这时已经躺下。夫人恐纺车声影响儿子睡觉，便对儿子说："今为尔说一笑话，以醒睡魔可乎？有率其子妇纺至深夜者，子怒詈，谓纺车声聒耳不得眠，欲击碎之。父在房应声曰：吾儿可将尔母纺车一并击之为妙。"儿子听罢，一点也没有怨恨母亲的意思，反而更敬重母亲了。第二天早饭时，曾国藩突然故作生气地问："何日让儿击纺车？"是以引来哄堂大笑，据说"坐中无不喷饭"。

为了保持勤俭持家的作风，曾国藩对子女们的要求一向尤为严格。他曾无数次苦口婆心，教育子女们勤俭治家。他曾多次强调："吾家子侄，人人须以勤俭二字自勉。"并反复为子女们讲述其中的道理："一家能勤能敬，虽乱世亦有兴旺气象；一身能勤能敬，虽愚人亦多有贤智风味。""勤俭自恃，习劳习苦，可以处乐，可以处约，此君子也。"曾国藩经常以祖辈勤俭治家的事迹来勉励子女，坚定地保持俭朴之风，并说"今家中境地虽渐宽裕"，但"切不可忘却先世之艰难。有福不可享尽，有势不可使尽。勤字工夫，第一贵早起，第二贵有恒。俭字工夫，第一莫着华丽衣服，第二莫多用仆婢雇工"。"居家之道，唯崇俭可以长久，处乱世尤以戒奢侈为要义。"

曾国藩所奉行的就是不彰显福贵的隐炫之道。

「像野草那样默默地生长」

大草原上最不缺乏的就是野草，它们不为人所注意，但就在默默无闻中，形成了整片草原。

有的人信奉低调，有的人被迫低调。人生的很多时刻都是要我们默默成长的，不会有太多的人注意你、帮助你。在这个时候，你没有感慨世态的权力,甚至连说话的权利都已经被剥夺了,你能够做的就是埋头做事。坚持,是这时的唯一资本。

作为茫茫人海中的一员,我们大多时候和这些野草的处境相似。一个刚刚从大学毕业的学生,在进入一个层次分明的公司机构后,必须要从最细微的琐碎事做起,没有人可以为你提供帮助,因为所有人都有自己的事要忙,你得不到关注,也没有表现自我的机会。你甚至会发现,从平常的待人接物到办公决策,你都要自己留心注意,这里主张自学成材。你可能会对你的处境表示不满。但事实上,这时候怨天尤人不是好的解决方法,你唯一的选择就是埋头努力。

有这样一个故事:

亚里士多德的一个弟子常常抱怨自己不为人们所重视,他的才华不为人们所看到。他觉得那些掌权者并没有他的能力强,但却能锦衣玉食,而自己只能粗茶淡饭。苦闷中,他向自己的老师求助,讲出了自己的烦恼。亚里士多德听后没有说话,而是领他到了海边。亚里士多德捡起一块鹅卵石,抛了出去,扔到了一堆鹅卵石中。

亚里士多德问:"你能把我刚才扔出去的鹅卵石捡回来吗?"

"我不能。"弟子回答。

"那如果我扔下一粒珍珠呢?"亚里士多德再问,并别有深意地看着弟子。弟子顿时恍然大悟。

我们大多人开始时都不过是一枚平淡无奇的鹅卵石,你没有权力抱怨不被注意,因为你的价值不足以引起人们的注意。面对这种情况,你要做的就是努力提升自己的价值,只有成为珍珠,你才能引人注意。

在默默无闻中坚持,你总有长成参天大树的那一天。

当然,坚持和等待并不意味着你就可以毫无压力地混日子,而是要把你为实现目标而进行的努力渗透到生命之中。碌碌无为地混日子只能使你一事无成。如果你的客户对你不闻不问，那么就给他一个微笑，一句问候。他对你的印象会随着你的努力逐步加深。不要小看这些看上去微不足道的努力，因为它们就像是星星之火，足以一点点瓦解了对方心头的拒绝。

所以，不管是主观意愿还是形势所迫，我们都要记住，先埋下头去，有什么话，等你变得理直气壮、掷地有声时再说。

「 得意切莫忘形 」

李白说："人生得意须尽欢。"这话固然狂放洒脱，很是误导了不少人，很多人在得意忘形之时也常以此句为自己辩解，其实仔细思量，一点意思也没有。很显然，李白的一生之所以不得志，岂非正是在于他过于高调乎？

三国时的马超原来是东汉名将马援的后代，曾经和曹操、刘备的大军交过手，每次都不分胜败，可以说得上是一员不可多得的猛将。刘备招降马超之后，对他是相当地赏识，时间不长就任命他为平西将军，还册封他为都亭侯。

马超受到了刘备的如此礼遇，就开始自命不凡起来，每日里志得意满，自觉已经成了刘备的知己、手足，因此也就不太在意君臣应有的礼节了。就连和跟刘备说话时也不怎么避讳名字了，左一个"玄德"，右一个"玄德"地叫着。他的这些话语，让那些与刘备一起打拼多年的人听起来很刺耳。

关羽很想一刀杀了这个不知天高地厚的小儿郎，但是刘备不同意。这时，粗中有细的张飞说道："如果不杀他，也要教教他怎么懂点礼节，让他知道注意点分寸！"

第二天，刘备便召集所有部将开会，关羽和张飞也都刻意提前到达会场。两人各自持刀，庄严肃穆地恭立两旁，故意制造出君臣关系不可逾越的庄重气氛，看起来异常严肃。

马超进帐一看，见"前辈"关、张两员大将都直挺挺地分立在两旁，连坐都没坐。聪明的马超立时恍然大悟，心想：凭关羽、张飞两人的身份和地位都不敢造次，自己勉强算是一介"新贵"，可这能算什么呀？于是，马超很是尴尬地悄悄退到了一旁。从这之后，马超就再也不敢太过张扬了。马超及时审时度势，调整了自己的心态和做法，这使他最终真正成了蜀汉朝中不可或缺的大将。

人生都有得意的时候，我们在享受成功喜悦的同时，居安思危乃是必不可少的内省内修之道。至少，我们不能得意忘形。职场中的许多情形都说明了这个道理。

记得有位企业家曾经这样说过："当你经过千辛万苦使自己的产品打开市场的时候，你最多只能高兴五分钟，因为你若不努力，第六分钟就会有人赶上你，甚至超过你。"

当你因为被上司提升或嘉奖而自鸣得意的时候，你脑子中的另一根神经一定要紧绷起来，让这根紧绷的神经再次提醒你：压制兴奋，修炼涵养。你应该知道，你所拟定的一生计划是非常伟大的，可是在你还没有达到这个既定目标之前，途中的任何一次升迁都不是稳固的，也是无关紧要、微乎其微的小事。有些时候，在你准备实行一个计划时，刚刚一着手就有可能大受他人的赞美和夸奖。对于这样的声誉，你必须一笑置之，不应在意太多，你应该埋下头去，踏踏实实地干些实事，直到隐藏在你心中的既定目标彻底完成。而这个时候人家对你的惊叹，将远不是当初的赞誉和夸奖所能比得上的。

当人生处在顺境之中和得意之时，最容易产生得意忘形、自我膨胀的心理泡沫，这往往就是导致败象滋生、乐极生悲的根源。老子说"福兮祸所伏"，得意之时不要高兴太早，高兴太早就会疏于防范，疏于防范失意就会马上到来。但假如失败了也不必灰心丧气，因为老子还说"祸兮福所倚"，危机也是转机，失败的后面就是成功。遇挫咬牙，坚忍自强，锻造比逆境还要强硬的性格，逆境就会过去，就会雨过天晴，前程一片光明。

「 低调做人不是低人一等 」

　　作为一种生存的境界，一种做人的姿态，低调，不再有得意时的轻狂散漫，也摒弃了失意时的奴颜婢膝。低调的人生，宠辱不惊，恬淡隐忍，任凭世间风起云通，只是目观于鼻，鼻观于心，心止于境，正所谓"任汝狂涛乱世，吾人处之泰然"。这本是一种大感悟、大境界，是一种平视千山的成熟之道。很显然，这里的"低"并不等于"低人一等"。这种"低"恰恰就是心境的澄澈，是心态的坦然。

　　可怕的就是一个人不能正确看待自己，而看低自己尤其可怕。如果总认为自己不如人，就很容易陷入低人一等的精神泥淖。心有所想，言行中就会表现出来，越表现就越是显出一副卑怜相，从而在无形中给自己制造心理陷阱，直至不能自拔。从人格意义上讲，世界上的一切人都是平等的。生活中本来双方平等的人际关系，就因为自卑心理在作怪，竟然一下子把自己降到了低人一等的品级上了。这样的为人方式、处世原则，消极悲观，每每遇事，必败无疑。低调是一种保持与群体互动的方式，是一种在任何形势下都不会轻视自己的心境，是一种维护生命本真的心理气场。而"低人一等"的心态，则是导致人坠入误区的罪魁祸首。

　　比如说，你为了谋求一份职业而去拜访某大公司的经理，这时你先要明白一个原则，那就是：虽然此去拜见的可能是一位身份和地位都很高的人物，而且又是你有事情求他，但是这里面存在着一个不易察觉的因果律，就是说求不求在你，而答不答应则在他，从逻辑上来说，他仍是被动的。此刻，你需要迅速调整好心态，比如先在心里把"求"字换成"找"字，以平常心待之，迫使自己的感觉处在一种适宜的状态之中。

要想保持低调，但又不落入低人一等境地，最主要的是应该克服自卑心理。克服自卑心理首先必须正确认识和分析自我，正确认识自己的长处和短处，清楚自己的优点和缺点。在完成准确科学的自我定位后，用自己的长处去比别人的短处，就可以强化自信，就会信心十足。这叫以己之长，比彼之短。一个多数人都能接受的观点是，不要拿自己的短处去比别人的长处，这会对"士气"很不利。即使你有什么短处，也可以通过积极的努力，把它变为长处的，又有何悲叹呢？

李白诗说："安能摧眉折腰事权贵，使我不得开心颜！"当你面对"权贵"时，不卑不亢谓之低调，也只有不卑不亢，才不会被人轻视。否则，你自己就先败下阵来。在这里，那句"世界上最难战胜的敌人就是自己"的话，有着很大的借鉴意义。所以，只要我们将心底里那份可悲的胆怯收起来并扔出去，充分显示出足够的自信来，就可以从容不迫，游刃有余了。

第三章
越自律，越能控制人生

「 有自律就有收放自如的人生 」

如果有人对你说"自律就是自由"，你可能会觉得好笑。确实，对许多人来说，自律是一个令人讨厌而陈腐的词，因为它意味着古板迂腐，貌似是对自由精神的扼杀。实际上，反过来才是正确的。如同《高效能人士的七个习惯》的作者史蒂芬·柯维博士所写的那样："不自律的人就是情绪、欲望和感情的奴隶。"从长远来讲，不自律的人是缺乏自由的，或者说他一时享有的自由和快乐是以牺牲更高的自由为代价的，只能说明他还只是一个奴隶，而非自我命运的主宰者。要知道，人是必须接受一定的束缚才能获得自由的。

当然，没有绝对的自由，但是能让人释放自己心情的、感到自由自在的就是有自己的信仰，并坚守自己的原则，用自律来约束自己。

曹操是三国时期的枭雄，他虽然野心很大，却在自己统领的军队中留下了严于律己的美名。

一次，麦熟时节，曹操率领大军去打仗。为了不骚扰百姓、践踏庄稼，曹操下令："士兵如有践踏麦田的，立即斩首示众。"于是，士兵们在经过麦田时都下马用手扶着麦秆，小心地走过麦田，没有一人敢践踏麦子。老百姓看见了没有不称颂的。

可是，正当曹操骑马走过时，忽然，田野里飞起一只鸟儿，惊吓了他的马。马一下子蹿入田地，踏坏了一片麦田，曹操立即叫来随行的官员，要求治自己践踏麦田的罪行，官员说："怎么能给丞相治罪呢？"曹操说："我亲口说的话自己都不遵守，还会有谁心甘情愿地遵守呢？一个不守信用的人，怎么能统领成千上万的士兵呢？"随即抽出腰间的佩剑要自刎，众人连忙拦住。

这时，大臣郭嘉走上前说："古书《春秋》上说，法不加于尊。丞相统领大军，重任在身，怎么能自杀呢？"曹操沉思了好久，说："既然古书《春秋》上有'法不加于尊'的说法，我又肩负着天子交给我的重要任务，那就暂且免去一死吧。但是，我不能说话不算话，我犯了错误也应该受罚。"于是，他就用剑割断自己的头发说："那么，我就割掉头发代替我的头吧。"曹操又派人传令三军：丞相践踏麦田，本该斩首示众，因为肩负重任，所以割掉头发替罪。

古代人认为，身体发肤受之父母，随便损坏不仅大逆不道，而且是不孝的表现。曹操作为封建社会的政治家，能够割发代首、严于律己，实属难能可贵。

"自律"，就是自己管好自己。人世间，最顽固的"人"是自己，最难战胜的也是自己。自律对于一个人来说就好像是一辆汽车的制动系统一样。如果一辆汽车光有发动机而没有方向盘和刹车的调节，汽车就会失去控制，不能避开路上的各种障碍，就有撞车的危险。一个想要有所成就的人如果缺乏自律能力，就等于失去了方向盘和刹车，必然会"越轨"或"出格"，甚至"撞车""翻车"。

在我们的生活和成长的过程中必然要接触各种各样的人、处理各种各样复杂的事，其中有顺心的，也有不顺心的；有顺利的，也有不顺利的；有成功的，也有失败的。如果缺乏自律、放任不羁，势必会破坏关系、影响团结、挫伤积极性，甚至因小失大，铸成大错，最终后悔莫及。因此，我们必须要有较强的自律能力，管理好自己，这样才能让生活中的所有事情都在自己的掌控之中。

富兰克林说："我们判断一个人，更多的是根据他的品格而不是根据他的知识，更多的是根据他的心地而不是根据他的智力，更多的是根据他的自制力、耐心和纪律性，而不是根据他的天才。"

在日常生活中，我们一定要时时提醒自己要自律，有意识地培养自律精神。比如，针对你自身性格上的某一缺点或不良习惯限定一个时间期限，集中纠正，效果会比较好。

千万不要纵容自己，给自己找借口。对自己严格一点儿，时间长了，自律便成为一种习惯、一种生活方式，你的人格和智慧也会因此变得更完美。

「 在自省中成长，在担当中强大 」

有责任感的人都能担负自己的责任，他们时刻反省自我，一旦发现自身存在的缺点就立即改正，从而最大限度地避免自己犯错的可能。

反省，是人类走向光明的起点；反省，是明白自身的价值与意义的捷径。

我们每一天都要对照做人的准则确认言行是否正确，进行自我反省，这非常重要。抑制自己的邪恶之心，让良心占领思想阵地。良心是"真我"，是利他之心，怜爱他人，愿他人过得好；"自我"指的是利己之心，只要自己好，不管别人。贪婪之心就属于"自我"，抑制"自我"，让"真我"之心活跃，就是反省。

在伟大的哲学家苏格拉底的一生中，绝大多数时间都在自我反省，他还鼓励自己的雅典朋友也这么做。他甚至这样要求自己："未经自省的生命不值得存在。"

一名出色的员工，不管发生什么事情，都会对自己的行为负责，这是自省的一种表现。一个善于自省的人通常都会人格魅力十足，因为他们总是能直面自己的缺点和错误。

在现实社会里，那些具有强烈责任感的人都会通过自省将自己做人做事的成败归结于个人行为。自省的人都是"对自己负责"的人，而对自己负责，反过来又验证了他们的责任感。自省与承担责任是相辅相成的，能够自省的人就能够担负责任；同时，能担负责任的人也会在责任中自我反省。

古人提倡的"严于律己，宽以待人"，意思就是要严格要求自己，对他人则要时常存有一颗宽厚的心。多做自我批评，少推卸责任给别人。尽管眼睛长在自己身上，而最常用的却是丈量他人，因此往往无法看到自己身上的缺点，当然也无法解决自己身上的问题。

可以说，自省是迈向不找借口推脱责任的第一步。你的工作不只是对企业、对老板负责，最重要的是对你自己负责。工作是你自己的需要，你要通过工作来得到成长，无论是在技能还是金钱方面都是这样。放弃自省其实就是放弃让自己成长、放弃争取成功和完美生活的机会。企业也许就会因此而蒙受损失，但受害最深的还是你本人。

在生活中，一个自省的人更能够积极地面对现实。人们之所以常常将责任推卸给他人，就是因为不想面对现实，但现实就是现实，逃避根本解决不了问题，只会让自己陷入更大的困境当中，还会使问题向更坏的方向发展。这就犹如讳疾忌医，人若是生病了，逃避是毫无意义的，不承认自己有病，并不表示你真的就没有病。总是逃避，只会导致病情更加严重，直至无药可救。

自省是需要勇气的，毕竟直面自己的缺点与过错是一件令人非常痛苦的事。一个人敢于躬身自省，本身就说明了他是多么的强大，所有企业都欢迎这样的员工。

畅销书《为企业工作就是为自己工作》中有这样一个观点：没有卑微的工作，只有卑微的工作态度。这其实也是一种自省，代表着一种高度负责的职业精神。作为一名企业员工，我们必须明白，唯有不断自省才能够顺利地开展工作。反省是发现解决方案的开道者，有反省在前面做先锋，解决问题的方案才会随之而来。

美国西点军校军训的目的，其实也就是为了帮助学员们养成一种健康、自省的习惯。其实，它更强调的是检查个人行为的必要性。军训以后，学员们就养成了这样一种习惯：若发现自己的某种行为方式达不到理想的效果，就立即进行纠正。

只有不断自省，才能避免自己日后再犯相同的错误。孔子最得意的弟子并非是那些才高八斗的人，而是看上去非常一般的颜回，孔子对他的评价是"颜回无二过"。因为颜回善自省，所以成为了孔子的得意门生。

由此可见，要想不犯相同的错误，唯有自省才能够做到。要做到"不二过"，首先要面对现实，然后在失败的基础上认真分析原因，进行自我反省，并引以为鉴。

世界上没有不犯错误的人，却有"一犯再犯"和"不二过"这两种人，作为领导，你会信任一个总犯同样错误的人吗？你会任用一个总犯同样错误的人吗？答案不言自明。

「 要领导别人，先管好自己 」

卓越的领导者不是天生的，在成为成功的领导者之前，先学会做个称职的被领导者吧。所谓"打铁还得自身硬"，就是这个道理。最好的领导者就是最好的被领导者，要不然即使做了领导，也是"上梁不正下梁歪"。

所以，不管环境如何，管好自己是做人的义务。只有这样，你才有资格领导他人，才能在做事时有效地分配时间、精力和资源。一般来说，越能自我约束、管好自己的人，实现目标的愿望就越强烈，因为你的大脑是清醒的，而实现梦想的愿望越强烈，你就越有动力，就越能掌控外界的干扰。

《意林》上曾经刊登了一篇叫《西点第一课》的文章，文章是这样写的：

"刚进军校不久，西点就给我上了一课，对我日后的领导生涯起到了至关重要的作用。

"军校的学生都是预备军官，因此学年之间等级非常分明，一年级新生被称为'庶民'，在学校里地位最低，平时基本上都是充当学长们的杂役和跑腿。

"'陆军与海军文化交流周'的时候，西点和海军军校要举行一场橄榄球赛，就在比赛的前一天晚上，三年级的学长怀特中士邀请我跟他共同完成一个'幽灵行动'，也就是以幽灵为名的恶作剧。能被高年级学生接受，我觉得很荣幸，便立刻答应下来。行动的目标是一个来访的海军军校学员，我们要把他的宿舍搞得一团糟。我有些犹豫：'这样是不是太过分了？'怀特和其他学长都说：'别担心，我们领头，出了事跟你没关系。'

"晚上11点30分，宵禁之后，大家悄悄摸到'敌人'的宿舍楼，按事先安排的位置站好。怀特中士用唇语数道：'一……二……三。'说时迟，那时快，我和一个二年级军官猛地推开房门，冲到床头，把两大桶大约5加仑冰冷的橙汁浇到熟睡的学员身上，然后迅速跑出门外，同时另外两个人向房间里投掷了数枚'炸弹'（扎破的剃须水罐），顿时到处都是白色的泡沫。最后怀特把散发臭气的牛奶泼进屋里。任务圆满完成了，众人麻利地跑下楼梯，在楼门口跟负责放哨的队员会合，然后分成几组撤离。

"凌晨3点钟时，有人敲响了我的房门，原来被捉弄的军官向西点安全部投诉，我们的酸牛奶和剃须水毁掉了他书桌上昂贵的电子仪器，床边的旅行箱也未能幸免。

"在训导员办公室里，怀特中士竭力为我开脱：'是我命令他那么做的，我愿意承担一切责任。'但是训导员不这么认为，他罚我们在早饭前把海军军官的寝室变回原样，把弄脏的衣服洗干净。这还不算，训导员宣布接下来的几个周末，我们都不能休假，而要在校园里受罚。'这太不公平了，我只不过服从了学长的命令，他应该对我的行为负责。'教官显然看出了我的不满，训练结束时，他问我：'对这件事，你觉得自己没有责任吗？'我说：'首先，主意不是我出的，行动也不是我领导的，而且我开始也反对过，但作为"庶民"，我能管得了谁呀！'

"教官盯着我的眼睛，一字一句地说：'在西点，人人都是领导者。即便是个"庶民"，你也至少领导着一个人——你自己，因此你必须为那天所做的事负责。'直到今天，那位教官的话仍然在我耳边回荡。那是西点给我上的第一课：想做一个成功的领导者，你必须先学会领导自己。"

没错，人人都是领导者，都是自己的领导者、管理者，即便你现在还是一名普通的工作人员，没有获得任何地位，你至少能够领导你自己、管好你自己，我们无法为别人的行为负责，但我们应该为自己所做的每一件事情承担责任，首先要自律，这也是成为一个管理者、领导者，甚至是做一个成功的领导者的前提。因为管好自己，你才有资格去领导别人。

「谨言慎行不等于畏首畏尾」

"谨言慎行"是指一个人言行举止小心谨慎，能够时刻保持自律自警。从字面上来看，给人的感觉与"畏首畏尾"有些相近。其实，这两个词有着天壤之别。一些人因过分小心谨慎、流于畏缩，我们可以说其"畏首畏尾"，这与"谨言慎行"的本意可谓大相径庭，只能说他们矫枉过正。

语言是交流思想的工具，但也是引起各种祸端的理由。说出去的话就像泼出去的水一样，很难收回，所谓"覆水难收"就是这个道理，况且多言取厌、轻言取侮、言多必失。所以，《曾子立事》上说："行欲先人，言欲后人。"这就要求我们说话要经过深思熟虑，只有这样才不会流于胡言乱语招惹是非；做事要说做便做，不拖泥带水，只有这样才能养成雷厉风行之性。

之所以要谨言慎行，是因为言语行为谨慎对于一个人立身、处世具有很重要的意义。古往今来，成大事者无不是善于谨言慎行的人。也许你还不知道那些不经大脑的言行会为自己和别人带来多少麻烦，而那些麻烦又会为自己和他人的人生留下一个怎样的烙印。

张爱丽待人非常热情，经常给朋友以热情的帮助，可是周围的人总是很讨厌她。原来，张爱丽在交往中总是会违背言语交际的原则。因此，虽然她主观愿望很好，结果总是帮了忙还不惹人喜爱，事与愿违。

实际上，熟人、朋友之间为增进感情而交际，说话"随便"一点压根没有什么。但是，这种"随便"应该掌握好分寸，应该有一个合适的"度"。因为我们每个人心中都有自己最隐私的一面。所以在交谈的时候，我们应该顾及对方的自尊，以免让他人陷入难堪的境地。

而张爱丽却完全不考虑这些，她曾对一位很胖的女同事高声说："哟，你怎么又长膘啦？你爱人净弄什么好的给你吃，把你喂得这么肥啊？"

张爱丽本没有一点恶意，但是这些话语无疑激起了对方的厌恶，使对方从内心深处讨厌她，不仅达不到亲近的交友目的，反而拉开了双方的心理距离。

失去丈夫是人生中最不幸的事情之一，一位好朋友的丈夫刚刚去世了，她正处在守丧期间，张爱丽为了让她不难过，便非常热情地邀请她去看最新出的喜剧片。她笑嘻嘻地说："装什么装啊！这下子没有人管你了，乐一乐。"这种自认为亲近他人的说话方式无论如何都是非常令人难以接受的，会无情地伤害对方。

我们也许都有这样的体会，生活中往往出现很多这样的情况：有的人在行为上、物质上热心地帮助了别人，但由于在特定场合下措辞不当，使对方的感激之情烟消云散，甚至还产生了反感之情。毫无疑问，张爱丽就是这种人。

张爱丽的言行就是生活中的一面镜子，我们在言语交际的过程之中一定要引以为戒，不管是说话还是做事，我们一定要能管住自己，不能想到什么说什么、想起什么做什么，这就是不自律的体现。一个人能够管住自己的言行是最基本的素养，那些口不择言、做起事来不考虑别人感受的人，一定不是自律的人，也很难获得成功。

尤其是在现代复杂的社会环境下，如果我们不注意说话的内容、分寸、方式和对象，往往就会祸从口出。正像人们常说的那样：你不说话，别人不会以为你是傻瓜。愚蠢的人用嘴说话，聪明的人用脑说话，智慧的人用心说话。

因此，谨言慎行乃君子之道，我们应该学会为自己的言行负责，而不是为它们付出代价。

「 从改变习惯训练自控能力 」

从一个人的习惯就可以看出他的自控能力，因为习惯是自控能力的体现。一个人自控能力的强弱就体现在他有意识或无意识地在日常生活中和工作中表现出的习惯上。

然而，什么是自控能力呢？所谓的自控能力就是一个人善于自我支配和自我调节的能力。心理学认为，自我控制能力是自我意识的重要成分，它是个人对自身的心理和行为的主动掌握，是个体自觉地选择目标，在没有外界监督的情况下适当地控制、调节自己的行为，抑制冲动、抵制诱惑、延迟满足、坚持不懈地保证目标实现的一种综合能力。良好的自控能力也是一个成熟的人进入社会重要的要素之一。

如果一个人缺乏自律精神，没有自控能力，干什么都无所谓，那么什么对他来说都无所谓；相反，如果一个人做什么事情都能自我约束、仔细认真、精益求精，那么成功就离他不远了。

不仅如此，一个人的习惯会影响他的品格，从而影响其日后的发展。有些青年原来品格优良，但因为后来沾染了一些恶习，结果再也没有出头之日。很多年轻人一开始很不注意自己的习惯，觉得那只是暂时的小事。但是，久而久之，他们可能会因为一些恶习而为他人所排挤，到时候他们可能会懊悔起来，开始反思：真没想到那样随便玩玩也会成为改不了的恶习。但是，到时再懊悔又有什么用呢？

一个有志成大事的青年为了自己的前途，无论如何都要抵制不良的诱惑，在任何诱惑面前要始终坚定决心、不为所惑。他必须永远善于自我克制，他的娱乐项目应该是正当而有意义的，否则只要稍动邪念，他就可能一下子毁掉自己的信用、品格和成功。如果仔细分析一个人失败的原因，就可知道多半是因为那个人缺乏自控能力和有着种种不良的习惯。

美国石油大亨保罗·盖蒂曾经嗜烟如命。

在一次度假中，他开车经过法国，天降大雨，他在一个小城的旅馆停了下来。吃过晚饭，疲惫的他很快就进入了梦乡。

清晨两点钟，盖蒂醒来了，他想抽一根烟。打开灯后，他很自然地伸手去抓桌上的烟盒，不料里面却是空的。他下了床，搜寻衣服口袋却一无所获，他又搜索行李，希望能发现他无意中留下的一包烟，结果又失望了。

这时候，旅馆的餐厅、酒吧早已关门，他唯一可以获得香烟的办法是穿上衣服走出去，到几条街外的火车站去买，因为他的汽车停在距旅馆有一段距离的车房里。

越是没有烟抽，想抽的欲望就越大，有烟瘾的人大概都有这种体验，于是盖蒂脱下睡衣，穿好了出门的衣服，在伸手去拿雨衣的时候，他突然停住了，他问自己：我这是在干什么？

盖蒂站在那儿寻思：一个所谓有修养的人，而且相当成功的商人，一个自以为有足够理智对别人下命令的人，竟要在三更半夜离开旅馆，冒着大雨走过几条街，仅仅是为了得到一支烟。这是一个什么样的习惯？这个习惯的力量竟如此惊人的强大。

没过多久，盖蒂下定决心，把那个空烟盒揉成一团扔进了纸篓，脱下衣服，换上睡衣回到了床上，带着一种解脱甚至是胜利的感觉，几分钟就进入了梦乡。

从此以后，保罗·盖蒂再也没有抽过香烟，当然，他的事业越做越大，成为世界顶级富豪之一。

烟瘾很大对任何人来说都不是一个大的缺点，但保罗·盖蒂却坚持改变，这是因为他意识到了习惯的巨大力量。一位理智、成功的商人居然会为一支香烟而六神无主，如果是在休闲时间倒没什么影响，但如果是在谈一笔大买卖时，这个习惯则会影响他的判断，进而影响整笔生意的完成。一个人要是沉溺于坏习惯之中，就会不知不觉把自己毁掉。

是的，习惯的力量是巨大的，因为它具有一贯性。通过不断重复，它使人们的行为呈现出难以改变的特定的倾向。就像一句古老的箴言所说："习惯就像一根绳索，每天我们都织进一根丝线，它就会逐渐变得非常坚固，无法断裂，把我们牢牢固定住。"我们每天高达90%的行为是出自习惯的支配。可以说，几乎每一天，我们所做的每一件事都是习惯使然。

好的习惯使我们受益，让我们很自然地去做某些事情，而无须在意志方面付出巨大的努力；坏习惯则是我们行动的障碍，且腐蚀着我们的意志力，我们很容易受它的控制，成为它的奴隶，意志坚强的人也不例外，保罗·盖蒂的例子就足以证明这一点。只是与普通人不同的是，保罗·盖蒂凭借毅力改掉了自己的坏习惯，这可是常人难以做到的。

每个人都有一些坏习惯，能否改正就是卓越和平庸之间的分界线。诚如奥利弗·克伦威尔于17世纪初期曾经说过的："不求自我提醒的人，到最后只会落得退化的命运。"改掉坏习惯是永远都不该停止的。

「 情绪都控制不了，谈何控制人生 」

米开朗琪罗曾说："被约束的才是美的。"对于情绪来说也是如此。一个人的情绪如果不能得到有效的调控，如果遇到喜事的时候就喜极而泣，遇到悲伤的事情时就一蹶不振，那么人就有可能成为情绪的奴隶，成为情绪的牺牲品。相反，如果能征服自己的情绪，就能征服一切。

当然，情绪有很多种，如希望、信心、乐观、悲哀、愤怒、失望、忌妒、仇恨等，其具体的体现就是我们的心情。

可以试想一下，如果你一会儿心情忧郁，情绪一落千丈；一会儿又怒火中烧，使你的朋友们对你敬而远之；一会儿又情绪高昂、手舞足蹈，谁还愿意与这样情绪不定的人交往合作？而且，情绪不稳定的人对于自己确立的目标也常常不能坚持到底，做事容易情绪化、朝三暮四，高兴了就做，不高兴就扔在一边，丝毫没有计划性和韧性，这样的人能成功吗？

因此，一个人成功的最大障碍不是来自外界，而是自身。除了力所不能及的事情做不好之外，自身能做的事不做或做不好就是自身的问题，是自制力的问题。只有成功地控制了自己的情绪，才能够走向成功。

很久以前有一个年轻人，当他每次生气和人起争执的时候，就以很快的速度跑回家去，绕着自己的房子和土地跑三圈，然后坐在田地边喘气。他工作非常努力，他的房子越来越大，土地也越来越广，但不管自己多么富有，只要与人争论生气，他还是会绕着房子和土地跑三圈。为什么他从来不暴跳如雷呢？大家都很奇怪。

许多年过去了，他已不再年轻。但他心情不愉快的时候还是一如既往地拄着拐杖艰难地绕着土地、房子走完三圈。他的孙子在身边恳求他："爷爷，您年纪大了，这附近地区的人没有人的土地比您的更大，您何必这么辛苦呢？"

他笑了笑，终于说出了隐藏在心中多年的秘密："年轻时，每当我生气、郁闷，就绕着房子与土地跑三圈，我还会边跑边想，我的房子这么小，土地这么小，我哪有时间、哪有资格去跟人家生气？一想到这里，气就消了，于是就把所有的精力用来努力工作。可是现在，我一边走一边想，我的房子这么大，土地这么多，我又何必跟人计较？这样，我的心又平静下来。我从来不会浪费时间去沮丧，所以每一天都过得很快乐。"

这位老人可谓是深谙生活的智慧，因为他懂得自己改变不了天气，却能够改变心情。

确实，在日常生活中，我们难免会遇到愤怒和悲伤的事情，这个时候，要做的不是自暴自弃、忧伤难过、愤怒发火，而是要学会运用理智和自制来控制情绪，一定要学会自我调节，千万不能任由负面情绪蔓延。

例如，当我们内心焦躁的时候，要试着理智地分析原因、恢复自信，让自己振奋起来。

当我们感到抑郁的时候，不要把自己封闭起来，要试着通过交谈、运动、听音乐、看书等方式来缓解内心的压抑，让自己慢慢得到解脱。

当我们忌妒的时候，让自己变得宽容一点儿，试着去看到别人身上的优点，学会欣赏和给予真诚的赞美，不要把时间和精力用在议论别人身上。

当我们疲惫的时候，去散散步、唱首歌，消除一下心中的烦恼，清理一下烦乱的情绪，唤起自己对美好生活的憧憬，体会活着的幸福。

人是一种情绪动物，只要与人打交道就自然会有各种负面情绪滋生，但假如任由恶劣情绪控制自己，人生将变得毫无乐趣。被愤怒控制，会因冲动铸成大错；被烦躁控制，会坐立不安、一事无成；被忧伤控制，会日渐消沉，看不到生活的希望。

如果你能够恰当地控制好情绪，那么将在别人心目中留下"沉稳、可信赖"的形象，你的人生也必定会因此受益匪浅。

总之，驾驭好自己的情绪、增强自控能力是取得成功的一个重要因素，也是获得成功人生的重要法则之一。

「 慎独是为人的最高境界 」

在心理学上，有一个词语叫作"慎独"，意思是说：独处的时候，没有他人的干涉和监督，凭着高度自觉，不做任何有违道德信念、做人原则的事。然而靠什么做到慎独呢？其实就是自律。

慎独是一种内在的道德力量，是一种高度自觉性。所以，几千年来，中国人一直将慎独视为一种高尚美德，将正心修身作为人生第一要义。

慎独作为一种道德修养，最早见于《礼记》，其中说："莫显乎微，故君子慎其独也。"君子不会担心在别人看不到的地方放纵自己。做一个坦荡的君子，不需要别人来约束自己。君子会扪心自问：我像个君子吗？这就是慎独。

确实，一些人在独立工作、无人监督时，有做各种坏事的可能。而做不做坏事、能否做到慎独以及坚持慎独所能达到的程度，是衡量人们是否坚持自我修身以及在修身中取得成绩大小的重要标尺。

古人推崇"君子慎独"，就是说即使在独处时也要自律，不要做违背原则的事，即便没人知道，也有天知、地知、我知（自己的心知道）。

东汉时期杨震慎独的故事，就是一个严于律己的好例子。

杨震在担任荆州刺史时，发现秀才王密是个人才，便举荐王密为昌邑县令。后来杨震改任东莱太守，路过昌邑时，王密对他照应得无微不至。到了晚上，王密悄悄来到杨震住处，见室内无人，便捧出黄金10斤送给杨震，杨震连忙摆手拒绝说："以前因为我了解你，所以举荐你，你这样做就是你太不了解我了！"王密轻声说："现在是夜里，没人知道。"杨震正色道："天知、地知、你知、我知，怎么说没人知道！"王密听了，羞愧地退了出来。杨震为官公正廉洁，不接受私礼，其子孙也是蔬食步行、生活朴素。有些老朋友劝他置点儿产业留给子孙，他说："使后世成为'清白吏子孙'，用这样的好名声做产业，不是十分丰厚吗？"

由此可见，一个慎独的人，往往也是一个高尚的人。

不过，人非圣贤，孰能无过，即便是再慎独的人也难免会有犯错的时候，所不同的是，慎独的人在犯了错误之后敢于纠正自己的错误，敢于承担自己的错误所带来的后果，哪怕为此付出沉痛的代价。

有一位名医在当地享有盛誉，有一天，一位青年妇女前来找他看病。名医检查后发现妇女的子宫里有一个瘤，需要动手术割除。

手术很快就安排好了，手术室里都是最先进的医疗器材，对这位做过上千次手术的名医来说，这只不过是一个小手术。

他切开病人的腹部，向子宫深处观察，就在他准备下刀时，突然全身一震，他的刀子停在了空中，豆大的汗珠从额头冒出，他看到了一件令他难以置信的事：子宫里长的不是肿瘤，是个胎儿！他的手颤抖了，内心陷入了矛盾的挣扎中。如果硬把胎儿拿掉，然后告诉病人摘除的是肿瘤，病人一定会感激得恩同再造；相反，如果他承认自己看走眼了，那么他将会声名扫地。

几秒钟的犹豫后，医生下定了决心，他小心地缝合好刀口，回到办公室静待病人苏醒。之后，他走到病人床前，对病人和病人的家属说道："对不起，我看错了，你只是怀孕了，没有长瘤。所幸及时发现，孩子安好，你一定能生下一个可爱的小宝宝！"

听完他的话，病人和家属全呆住了。过了几秒钟，病人的丈夫突然冲过去，抓住名医的领子吼道："你这个庸医，我要找你算账！"

孩子果然安好，而且发育正常，但医生却被告得差点破产。

有朋友笑他，为什么不将错就错？就算你说那是个畸形的死胎，又有谁能知道？

"老天知道。"名医只是淡淡一笑。

可见，慎独的人都有一双无法摆脱的天神之眼，天是心中那片天，心中有原则，做事就不会为得失所迷，心情就不会为得失所累。

然而，在现实社会中，我们更多地见到是这样的情形：在众人面前讲究卫生，独自一人时随地吐痰；有警察时遵守交通规则，一旦路口无人值守就闯红灯；在自己熟悉的团体内谦恭有礼，一旦置身于陌生的环境就不再遵守公德。

很多人都形成了这样的心理：规矩是给别人定的，而我可以想办法突破它。实际上，在契约社会中，只有人人都以自觉约束的方式享受自由，才能获得持续的权利。这是现代社会秩序中的重要特点，也是诚信的基础。

随着年龄的增长，我们会承担起越来越多的家庭责任和社会责任，如何才能更好地履行自己的责任？唯有做到慎独。慎独是为人的最高境界，它既体现了人们道德自律的精神，又是提升道德修养的方法。

那么，在生活中，如何才能做到慎独呢？

首先就是要对自己严格要求。中国古代思想家王阳明在谈到人们的修养时曾说："克己必须要扫除廓清，一毫不存方是，有一毫在，则众恶相引而来。"意思就是要人们在为人时应注意细节，绝不给自己留一丝一毫的死角，否则，众恶相引而来，后果不堪设想。

其次是克制私欲和贪念。在众目睽睽之下，一般人还是能够约束自己的；而一旦脱去了漂亮的"套子"，一人独处时，便往往肆无忌惮地放纵本性和私欲。比如，在没人知道的情况下拿别人的东西，事实上就给别人造成了损害，而一次得逞有可能使人产生侥幸心理，结果便有可能在某一天约束不了自己，以致被绳之以法。也许有人只这样拿过一次，永不再拿，那么说明他还有良知；可是对一个有良知的人而言，他从此有可能永远也逃不开自己的良心责备，后悔自责一生。所以说，慎独其实也是自律的最高境界。

最后，"慎"是慎独的核心。孔子说："三思而后行。"其实就是在说"慎"，告诫人们说话、办事时一定要思虑周详、小心谨慎，事无巨细都要考虑周到，无论是有人、无人，无论是为公、为私，无论是大、是小，都要谨慎。恭德而慎行，这样就不会败事、不会后悔。

第四章
豁达是本草，心宽是良药

「 万物法自然，豁达者不强求 」

有一位很有名望的智者住在远离闹市的郊区，很多人慕名前来拜访，想要聆听他智慧的言语。一日，几个人相约拜见智者，一行人在山中泉水旁谈天，有个人向智者请教万事万物的道理。

当时正是初秋，山里的树木半黄不黄，智者指着一棵树问："你们说，这树是枯萎的好，还是繁茂的好？"

"当然是繁茂的好！"有人说。

智者却说："繁茂的东西免不了枯萎。"

"我觉得枯萎的好。"又有人说。

智者说："枯萎的也会成为过去。"

"到底什么才是最好的？请您指点。"几个人同时作揖。

智者说："繁茂的就让它繁茂，枯萎的就随它枯萎，这就是最好的。"

繁华也好，枯萎也罢，大自然的一切遵循四季规律，对于树木来说，春天抽枝，夏天繁茂，秋日结果落叶，冬日休养生息以待来年，这种轮回型的一生一息是最合理、最自然，也是最好的生存方式。如果放进暖棚春冬不息地茂密着，恐怕树木也觉得疲惫，观者也觉得太过刻意。唯有自然的，才是最好的。

　　人生也是如此。人的悲欢离合就像月的阴晴圆缺，非人力所能改变。生老病死伴随着一个人的生命，所有人都会为它们苦恼，所有人都逃不开它们的束缚，这就是生命的本质。一个懂得自然的人，幼时嬉戏，壮时立业，老来颐养天年，就是生命的最佳状态。唯有这种自然，才能让身心达到和谐，领略每个年龄段的乐趣，这样的生命才能称为享受。

　　与人相处也应自然，人与人之间有冥冥中的缘分，否则如何解释茫茫人海你遇到的是这一个、这一些？当缘分来了，千山万水也阻隔不了；缘分去了，一街之隔也会老死不相往来。在拥有的时候珍惜，在远去的时候珍重，领会这种自然，不强求改变，就是豁达。豁达的人不强求，他们知道万物的缘起，也知道生命的归宿，比起无尽的宇宙，人的存在太过渺小，如沧海一粟。世界上的一切都应顺其自然，每个人也要效法自然，这也就是所谓的禅心。

　　山里有一户贫苦人家。这一天，母亲给儿子一个碗，吩咐他去山那边的集市买一碗油。儿子装了满满一碗，小心翼翼地往家里端，可惜他越是小心，越是容易出错。在村口，他被脚下的石头绊了一跤，不但油洒了，碗也摔碎了。

　　孩子被母亲骂了一顿，母亲又给他一个碗说："再去打一碗，这一次别再打碎了！"孩子刚要走，母亲又说："打半碗就行，回来的时候不用太小心，该玩就玩，该说话就说话。"

　　孩子按照母亲的吩咐打了半碗油。回来的时候，他像往常一样左看看右看看，没有留意手中的碗。这一次，他平平安安回到家。母亲说："越是过分在意，越容易出错，保持平常状态，才是最好的状态。"

　　一碗油洒了出去，就算再可惜、再抱怨也不能让它回来，与其白白生气，不如下次用更好的方法。凡事太过小心翼翼，难免因为太过精细产生疏漏，只有保持最平常的状态，错误才能最少。所以要保持一份轻松平和的心态，这就是顺其自然。

为人处世也应顺其自然。一时有了不如意，不必垂头丧气，因为人生都有低谷，耐得住就能走到高潮；一时遭人怨恨，也不必非要解释，日久见人心，他总会知道你的真诚。有些人的一生都在追求不属于自己的东西，直到老死才明白什么也不属于自己，能够掌握的只有生命本身。可那些与年龄、感情、兴趣有关的欢乐早就被他抛弃，再想追回已是无能为力，徒留感叹和悔恨，倒不如一开始就知道什么最重要，在该珍惜的时候珍惜，以免日后后悔。

命里有时终须有，命里无时莫强求。自然的法则残酷却真实，你愿意接受它，它不会亏待你，你总是违逆它，是在为难自己。人如果能够顺其自然地生活，就不会在意那些终将成为过眼烟云的东西；若是想得开，看得透，就会知道与人争斗只会白白惹来烦恼。豁达的人不会为虚名所累，他们总能在纷扰的世事中享受属于自己的那一份感悟，自得其乐。

「 得与失无法分离，切莫患得患失 」

有一天，楚王外出打猎，在回来的路上他不慎丢失了自己的弓。这柄弓十分珍贵，有大臣马上派人去找。楚王听了却说："不必去找，我们回宫吧。"

"可是，那是一张珍贵的弓。"大臣提醒。

"那又怎么样？弓丢了，总会有人捡到，无论捡到的人是谁，不都是我们楚国人？这张弓仍然是楚国的财富，何必再浪费气力去寻找？"

孔子听说这件事后说："楚王的心还是不够大，为什么讲到丢掉的弓会被人拾到，还要计较是不是楚国人呢？"

失去了弓不去找回，认为捡到的人都是楚人，弓仍旧是楚国的财产。

故事中的楚王可算是一位豁达之人。而孔子的理论则更进一步，他认为楚王还是太小家子气，明明已经决定不再找那张弓，却还是在乎捡到的人是不是楚国人。比起斤斤计较的人，楚王算大度的，但在真正豁达的人眼中，楚王仍然患得患失。

患得患失形容一个人对得失看得太重，不是担心得不到，就是担心失去手中的东西。患得患失的人没有一份稳定的心态，他们的意念始终在得失之间不断摇摆，没有片刻安静。患得患失的人也很难真正开心，当他没有拥有什么的时候，他整天被欲念缠扰，总是想得到；等他真正得到了，他又开始担心到手的东西被人抢走，寸步不离地看管。不论失去还是得到，他们都没有安全感，所以他们的生活非常疲惫。

像孔子一样认为丢了东西是被人捡到，根本不需可惜的人，是圣人。圣人的境界我们很难达到，但我们可以做一个豁达的人。豁达的人并不是没有喜怒哀乐，得到的时候，他们也会得意；失去的时候，他们也会难过。不同的是，得不到的时候他们不会觉得生不如死，失去的时候他们也不会从此一蹶不振。他们不会让负面思维长久地陪伴自己，这就是看得开。

20世纪，美国的"阿波罗"号实现了人类第一次登月。当时，"阿波罗"号上有两位宇航员，一位是阿姆斯特朗，一位是奥德伦。阿姆斯特朗首先登上了月球，他那句"我的一小步，人类的一大步"成为世界名言，与他的名字一起载入史册。

曾有记者问奥德伦："如果您当时第一个走下"阿波罗"号，就会成为登上月球的第一人，您有没有觉得遗憾？"

奥德伦却很达观地说："有什么遗憾？要知道，从月球回来，是我第一个走下太空舱，我是从外星球回到地球的第一人！"

阿姆斯特朗的名字早已与"阿波罗"号一起为我们所熟知，谁又记得同在一条飞船上的奥德伦？而奥德伦却早已看开了这件事：被人众口传诵是一种荣誉，参与了人类第一次登月也是一种荣誉，既然做到了这件事，何必在乎别人有没有记住？可见奥德伦是一个豁达的人。

豁达的人懂得开导自己，就像故事中的奥德伦幽默地回答记者一样，他们知道自己痛苦没有用，不如让自己达观一点，开心一点。得到与失去不能分离，当你得到的时候，愿望就已经达成，这不是很好吗？当你失去了什么，拥有就不再是拥有，不妨告诉自己那已经不是自己的东西，你失去了，也在这失去中得到了怀念的感觉。

明智之人要学会豁达，因为人生漫长，我们需要经历太多的得到与失去。如果凡事都患得患失，我们的一生也会在得与失中摇摆，忘记了生命的意义是向前走，或者走得太过崎岖，歪歪斜斜。做一个豁达的人，得到的时候告诉自己一切都会过去，就不会沉湎其中，迷失心智；失去的时候庆幸自己曾经得到，就不会忧伤度日，耽误今后的生活。

「 想做大事，先要有做大事的胸襟 」

在英国的一所著名大学，一位哲学老师正在进行一个测验，他将一张张白纸放在每个学生的书桌上，问他们看到了什么。

有些人说："老师，我看到的是一张白纸。"

有些人说："老师，白纸上什么也没有，我什么也看不到。"

极少数人说："老师，我看不到尽头。"哲学家说："我欣赏你们，你们的思维没有边界，目光不只盯着一张纸，还能超越事物本身，想到别的可能。你们的眼界更高、心胸更宽，这样的人，更容易成功。"

一张白纸，有人看到的是白纸本身，有人看到的是空白，有人看到了无限种可能。第一种人活得现实，一是一，二是二，他们循规蹈矩，做着应该做的事，不会有任何出格的举动，他们的生命安稳，却也平淡；第二种人活得无力，他们认为既然一切都会过去，努力没有必要，活一天算一天，他们的生命轻松，却也空虚；第三种人活得有热情，他们认为生命只有一次，必须做点什么证明自己的价值，他们相信未来，也相信自己的能力。

当一个人不为自己的出身自暴自弃；不为此时的弱小怨天尤人；不因一时、一事而对自己失去信心，武断地下定论，我们不得不佩服他的心胸，也由衷相信只有这样的人才可以成就大事——他能够接受自己，不论是优点还是缺点，并且能够突破自己。

想做出一番事业，首先要有做事业的胸襟，要相信一个人的成就必然与他的心胸成正比。举个简单的例子，做事业需要有伙伴，这些共事者身上可能有你难以忍受的品德或者习惯，甚至有人会冒犯你，经常跟你唱反调。你能不能包容不合自己心意的那部分？如果不能，你只能吸纳自己喜欢的部分，最多是一条河；只有吸取更多人的力量和智慧，才能有海纳百川的恢弘气势，所以荀子说："不积小流，无以成江海。"

王硕与庄吉是商场上一对老冤家，他们都做器材生意，经常产生矛盾。王硕为了挖对手墙脚，常常对合作者造谣说："庄吉的工厂存在很大问题，产品常常有质量隐患。"庄吉听到这件事非常恼火，但他的军师经常劝他要戒急用忍，不可争一时之气。

有一次，有人找庄吉谈一笔大生意，没想到对方要的产品型号刚好不是自己工厂生产的那种，反倒是王硕那里的专长。庄吉想起军师常常劝告自己的话，就直接将王硕的手机号告诉了那位顾客，没多久，王硕就签下了这一笔巨额订单。

从那以后，王硕再也没有说过庄吉的不是，反倒主动把一些客户介绍给庄吉。双方发挥各自的优势，通力合作，很快打垮了其他对手，占据了国内市场。庄吉很庆幸自己当年的大度，否则，他还在与王硕争夺小市场，根本不会有今天的成就。

俗话说："宰相肚里能撑船"，想做大事就要懂得包容和妥协。故事里的庄吉主动与和他对着干的王硕和解，换来了一位强有力的同盟者。如果总是计较过去的那点仇恨，两个商人不断作对，两败俱伤，又怎么会有后来的大成就？

想做一番事业，就要学会权衡，今天你可能吃了亏，但吃亏是为了将来的前途打算，比起未来的收益，一时的小亏算得了什么？何况为了一时的得失计较，眼光就只能盯住这一时，如何看得更长远？做事要看全局，不能看局部，就像下棋高手不在乎一个子，甚至会丢卒保车，千万不要因鼠目寸光耽误自己的前程。

禅者要有容人的雅量，有时被人得罪，不要往心里去，只当过耳一句闲言，何必反复琢磨？人的心说小不小、说大不大，整天放着琐事，还有什么空间装大事？对待他人的缺点，也要能担待、肯担待，不要过分苛责，和人的相处才能和睦长久。对待他人的错误，用谦和的态度指正，不要揪着说个没完，才能让人真正心服。要把精力放在那些真正重要的事上，有豁达的心胸，就能做到万物不介于怀。

「 过多的担心，会让幸福打折 」

马老师是个天性乐观的老太太，好像天塌下来，她都能像没事人一样唱着歌。她的这种个性很让学生们喜欢，为升学烦恼的学生们经常问她："难道您不会担心吗？难道您没有烦恼吗？"

"十年前，我的烦恼比你们还多。"马老师笑呵呵地说，"那时候我整天都发愁，担心工资不够，担心学生惹事，担心先生工作不顺利，担心孩子生病……而且那时候我的脾气很爆，经常大发雷霆，身边的人只能小心翼翼地对待我，对我敬而远之。"

"可是您现在脾气很好啊！"学生们说。

"是的，因为我先生的妹妹是个心理医生，她经常给我打电话开导我。比如我为了升职烦恼时，她就会说：'就算不升职又有什么关系？何况，你的工龄够，能力够，怎么会轮不到你？'就这样，每次我担心什么，她都让我知道我的担心是没必要的，让我顺其自然。渐渐地，我发现我担心的事很少真的发生，是我太过紧张，搞得自己神经兮兮。后来我试着控制自己的情绪，凡事都往好的地方想，于是我就变成了现在这个样子！"

一个人的性格与他的生活状态有密切关系。整天乐呵呵的人，凡事想得开，不会自寻烦恼；与人相处能够为人着想，被他人喜欢；他身边总是有欢乐的气氛，让人愿意接近。相反，那些整天忧心忡忡的人，凡事都钻牛角尖，劳神费心；与人相处总是给人带来压力，旁人能避则避；他总是带着一种忧伤的气场，让人不愿接近。就算两个人有完全一样的生活环境，后者依然不快乐。

对人对事应该豁达，凡事都往好的地方想。有担心就无法放心，无法放心就不能开心。有的人活着总给自己找乐子，有些人却反其道而行之，常给自己找闷子。要知道世界上的事大多不能合自己的心意，世界上的人也不会按照你的喜好做事，自然也就会与你有摩擦，让你忐忑。不过要相信人心都有光明的一面，每个人都想追求一个和谐的人际关系，你如果处处设防，事事小心，有时会把好事想成坏事、美食当作鸡肋。

有个天性诙谐的百万富翁，经常做出一些让人捧腹的事。有一次，他在街边遇到一个乞丐，和这个乞丐聊起天来，他问乞丐："你每天睡在公园的长凳上，会做什么样的梦？"

乞丐说："我啊，经常梦见我住在帝国酒店的总统套间里，真是美！"

"那么，我今天就请你去住帝国酒店的总统套间，费用我来出！"富翁对乞丐说。

乞丐没想到会遇到这种好事，高高兴兴地进了帝国酒店。第二天，富翁问乞丐："老兄，总统套间的滋味怎么样？"乞丐皱着眉说："很豪华，很舒服，但我再也不想住了。"

"咦，这是为什么？"富翁惊讶地问。

"住在长凳上的时候，我梦到总统套间；住在总统套间的时候，我就会梦到我在长凳上睡觉，这真是太凄惨了！"乞丐回答。

一个乞丐难得有个机会住进总统套间，却做了整晚的噩梦，可见担忧太多的人，连幸福的机会都把握不好。人们总是担心自己拥有的东西不能长久，但担心有什么用？该过去的都会过去，想留都留不住，不如享受当前，珍惜时光。

过重的担心并不是好事，忧郁也会影响人的健康乃至寿命。在一项针对老年人寿命的调查中，那些长寿的老人大多性格开朗，喜爱热闹，而那些忧郁的老人常常郁郁而终。生命只有一次，为什么要陷入忧郁，让自己的幸福感大打折扣？

幸福的时候不要主动走进阴影，就算有了不如意，也要看看事物的另一面，让自己心里有更多阳光。不要总是担心这个担心那个，不是担心自己有损失，就是担心他人会伤害自己。你以什么样的眼光看待世界，世界就会变成什么样子：心理阴暗的人，看到每个人都心揣恶意；心态豁达的人，看到的便是海阔天空。

「 与其纠缠不清，不如果断放弃 」

一对夫妻结婚后日日吵架，吵得四邻不宁，还经常惊动双方家长。妻子对闺蜜们抱怨："我真不明白，结婚前我们两个有说不完的话，一天不见就像少了什么，为什么结婚后看对方就这样不顺眼，恨不得对方不出现在自己眼前。"

常言道，劝和不劝分。闺蜜们都劝她想开一点，体贴一点，只有一个朋友对她说："你们的个性本来就不合，恋爱的时候还能相互忍耐，一旦朝夕相对，缺点再也掩盖不住了，也难怪对方受不了了。有些人不适合走入婚姻，建议你们赶快离了吧。"朋友们大惊失色，没想到她会说出这种话，纷纷责怪她。

可是，就像这位朋友说的，这对夫妻性格不合，根本无法一起生活。半年后，他们的感情彻底破灭，还是选择了离婚。离婚后的女人对朋友说："其实我也早就知道不合适，总是想着再试试，再忍忍。早知如此，我半年前就该听你的话才对。不够果断，害的是自己。"

常言道："宁拆十座庙，不毁一桩亲。"故事中的朋友眼见女主人公不适合再维持这段婚姻，索性做个"恶人"，提醒她赶快放弃。人只有学会放弃那些不适合自己的东西，才有可能真正学会判断，知道什么适合自己，什么对自己最好。如果优柔寡断总是放不下，就只能和不如意的现状纠缠不清，没个清净。

世界上很多坚持其实不值得坚持。就如故事中天天吵架的夫妻，恩情不再，存在的只是对彼此无休止的抱怨，也许过不久抱怨就会变成仇恨。

这种坚持换来的不会是守得云开见月明，而是更坏的结果。这个时候，自己的坚持只是让不愉快的经历延长，浪费时间，浪费感情。与其如此，不如当断则断。

有时候面对烦恼，我们会告诫自己："将就一下"，但"将就"有什么意义？"将就"只是使本来就不可调和的矛盾再多酝酿一阵子，很多时候"将就"就是和稀泥，把原本的烦恼搅在一起保持暂时的和平，事实上并没有改变它的本质，总有一天它还是会爆发，并且造成的伤害可能更大，不如在该放弃的时候早点放弃。

安易的一位朋友失恋了，安易等到周末就赶快去了朋友家，他想要安慰这位朋友。没想到朋友竟然没有消沉的状态。安易说："真没想到，你恢复得这么快。"

"哪里哪里，我也是伤筋动骨，不过我虽然伤心，却能想开。"

"想开？你怎么想开的？"

"我想起以前我的姐姐来我家，看到我养的兰花很羡慕，我想送她两盆，你知道她说什么吗？她说她很喜欢花，但是她不是养花的人，不懂得养花技巧，也不知道花的习性，如果把兰花放到她家，就会糟蹋了兰花。我想这恋爱就像养花，养不好这一朵，就不要霸占着人家，有时候，放开反倒是最好的结局。"

好梦由来容易醒，失去爱情是人生最伤心的事之一，失恋的人容易消沉，容易借酒浇愁，也容易从此自称"看破红尘"，再也不相信爱情。这样的人看上去已经放开了一段爱情，其实还在为这段关系纠缠，并让一个不愉快的结果长久地影响自己的心境与人生态度。而故事中的这位朋友就很豁达，知道缘来躲不了，缘去莫强求，自己不合适，不如让对方找更好的，潜台词是对方不合适自己，自己也会找到更好的。

我们总是强调"坚持"的重要性，似乎"坚持"等同于"精诚所至，金石为开",但在现实生活中,"精诚"是有的,却不一定换来"金石为开",倒有可能因为错误的坚持耽误远大的前程。要知道对一个选择的坚持,既可能让你走得很远,也可能让你无路可走。

坚持应该合乎实际,如果在错误的方向、用错误的方式一意孤行,就是固执。还有很多人明明知道这一点,就是不愿意放开自己的"错误"。他们已经为此付出了各种各样的努力,中途放弃不仅是否定自己,也可惜那些花费掉的时间和精力。这个时候我们就需要有一个豁达的眼光,因为此时的放弃是在避免更多的错误与失败。有时候,放弃也是一种坚持,那是对生命的负责,对前程与更好未来的坚持。

「 种植荆棘还是玫瑰 」

中国画有一种技法叫作"留白",将画面的主体绘制出以后,其余的部分全是洁白的宣纸,让看画的人可以驰骋自己的想象,让想要题诗的人能有写诗的地方,让名家的收藏印章印得端正,不会影响画面的整体效果。这是绘画的学问,也反映了国人做人的学问。

做人要懂得"留白",人生的舞台上,你固然要展现自己的风采,但也不要把别人全挡住,不然,就算你当上主角,演的也是独角戏。要知道,人们喜欢的都是群戏,独角戏往往没几个人肯看。要给别人留下发挥的余地,也要有玉成他人的胸襟,你的人缘才会越来越好,处事时才会越来愈顺利。所以,即使有锋芒,也要收着点。

钱太太是个居家型女人,也许她太过居家,导致性格琐碎,让人头疼。任何时候,钱太太都不肯吃亏。小到菜市场小贩少找了几毛钱,邻居家不小心把垃圾撒到了她家门前，只要她觉得不顺眼、不顺心，就一定要和对方大吵一架，让自己舒心，让对方憋气，她才觉得自己没被欺负。有一次小区邻居家的狗和钱太太家的狗玩闹，她的狗被划伤，对方好言好语又赔偿医药费，钱太太还是刻薄地挤对人家，让那人的脸青一阵白一阵。

钱先生经常劝钱太太对人宽容一点，凡事不要那么小气，钱太太振振有词地反驳："不小气？你以为百万富翁的钱不是一毛一毛攒的？宽容？这年头人善被人欺，你宽容了别人，谁宽容你？"说到最后，还要骂钱先生太窝囊，根本撑不起一个家。

这天钱先生下班，接到太太的电话，钱太太大哭着说家里的狗走失了。钱先生连忙回家找狗，一路上都有人说看到过他们家的狗。钱先生哭丧着脸说："既然知道是我家的，也看出来是走失的，为什么不帮忙拉一下？"邻居们都说："不是不想帮忙，不过一想到你老婆不知会想到什么、说出什么，就觉得还是别管闲事了，没准会被当成偷狗的。"

贴了三天的寻狗启示，狗才终于找了回来。这一次钱太太算是受到了教训，从此以后看到别人，她尽量和颜悦色。别人不小心招惹她，她也不再像以前一样"河东狮吼"。渐渐地，小区里的人开始接纳钱太太，她自己也不再像以前那么浮躁，没事就想生气……

与人相处，讲究"赠人玫瑰，手有余香"，你不能指望你给了别人一筐荆棘，别人还你一束兰花。以德报怨的人是有，但一来人数太少，二来你根本没有那个价值让他们"德一德"，看到你那副嚣张的样子，别人就会退避三舍，不敢和你接触。要知道厚道的人并不是傻瓜，他们也希望与宽容友好的人相处，而不是找个处处得理不饶人的，处处找气生的人。

社会上有形形色色的人，他们未必符合你的喜好，但如果一味由着自己的性子，想说就说，想骂就骂，一个劲较真，那就会像故事中的钱太太那样，失了人心，再也没有人愿意接近她、帮助她，给她一些有益的建议。纵容自己的坏脾气，就是在孤立自己，远离他人，但其实，你并不想当隐士，你仍然需要别人的关怀与重视，不是吗？

　　看不惯的时候，首先要让自己多一点涵养。有一个成语"虚怀若谷"，说的就是人的心胸应该像空荡的山谷那样，既能容忍美的东西，也能容忍丑的东西，即使再多的人来来往往，也不会影响到它的宽广和深邃、善意与美丽。如果你有这样的一份胸襟，自然不会动辄与他人争执，让他人为难，你的生活也会因此而变得平静和顺，因为看到你，别人的心情就会不自觉地好起来。所以，多多播撒一些花种，让你的生活有更多的芬芳吧。

「 让你的心灵跳出生活的囹圄 」

　　世事如棋，生老病死，喜怒哀乐，不过是棋盘上大大小小的棋子。它们一步步向你逼近，包抄围剿，逼着你挂白旗投降，这时候，你应该用什么见招拆招，保证自己能够技高一筹？这取决于你的胸怀、你的眼界以及你的智慧。

　　一个少年向一位围棋大师学习弈道，他看上去很有天分，没用几天就学会了基本技法，不到半年就能战胜大师教了几年的徒弟，可是，他却从来没有赢过自己的师父。起初，他认为自己学到的不过是雕虫小技，根本不能和师父比。但一次又一次的败局，让他不禁心浮气躁，他问师父："师父，我什么时候才能战胜你？"

　　师父摇摇头说："如果你继续这样下去，永远也不可能战胜我。"

　　少年不解地问："我下棋究竟有什么问题？请师父指教。"

　　师父指着他们刚刚收局的棋盘说："你看你，下棋的时候总是在乎一个子下得够不够好，为此殚精竭虑，落子后一旦发现自己下错了，或者觉得不够完美，就再也不能冷静地思考局势，这个时候，你根本不能注意对手的举动，在你过分在意'一步'的时候，你已经输了。"

生命就像一个棋局，每一步都有它的道理，这局棋比我们想象的更大，无数的棋子分布在我们的生活中，我们想要总揽全局，掌控每一步棋，似乎是一件不可能的事。所以，我们能做的就是把握最重要的几步棋，而不是时时刻刻为一些无关紧要的小棋子费心力，就像大师所说，不要过于在意"一步"，要着眼全局。

想要俯览全局，就要站到一定的高度，这就需要你尽量打开自己的心胸，容纳更多的东西，包括那些无所不在的烦恼。你越是在乎它们，它们就越把你的视线牵在芝麻绿豆上，让你觉得生活只有一堆陈芝麻烂谷子，或者一地鸡毛。

真正的生活，其实是在日常生活之上的心灵享受。就像大海中的鱼，越是深潜，就越是感到水的压力和渔网的逼近，但如果能尽力跳出水面，就会看到一番海阔天高的美景。即使再次潜入深海，它也已经是一条开了眼界、有了见识的鱼，它从此可以比较天蓝和海蓝的区别，思考鸟的翅膀和鱼的鳍有什么不同。总之，一旦你的心灵能够跳出生活的囹圄，烦恼就会变得渺小，变得根本不值一提。

村里有个老太太，已经活了80多岁，每天笑口常开。村里的人看着她就觉得开心，大家都说："老太太有福气，老伴能赚钱，儿子女儿有出息还孝顺，就连孙子、外孙子都透着机灵劲，特别惹人疼，谁有她那么好的福气呀，难怪整天笑得合不拢嘴。"

老太太听了这些话，总是笑而不语。只有她的熟人才知道，老太太的乐观，并不是因为她的家庭事事顺心，而是因为她想得开。

年轻的时候，她嫁给一个穷小子，这男人心比天高，总想着做大生意，于是家里经常负债累累。她每天都要为柴米油盐发愁，经常担心明天就会没饭吃，没房子住；她的儿女没有一个让她省心，儿子特别叛逆，整天惹祸；女儿体弱多病，让她操心，儿女能有出息，她不知操了多少心；现在儿女的孩子也是她在带着，每天依然有很多烦恼……

老太太乐观的秘诀在于她想得开，她总是说："既然已经来了，躲也躲不过，那就想办法解决吧！就算解决不了，那也没什么办法，就认命吧！"起初，人们以为这是她自暴自弃才说的话，没想到她就在这种"乐天知命"的状态下，变得越来越爱笑，老公生意失败，她说："没事，多个教训。"孩子被学校开除，她说："没办法，只好再找个学校了。"她的家人在她的影响下，也越来越乐观，越来越上进，于是，日子也就越过越好了。

如今，老太太遇到孙子、外孙子淘气，也仍然无奈地笑笑说："真没办法。"然后动手解决他们出的"难题"，也许只有这副胸怀，才能笑对人生，成为人生的"赢家"吧。

人的胸怀，其实是烦恼撑大的。烦恼带来种种负面情绪：怒气伤身；悲哀伤心；阴郁摧残容颜；烦恼把人拖入深渊，让人疲惫，让人苍老，让人觉得生命是一个负担，渐渐地，快乐离得越来越远，我们遗忘了旧日的笑容，只剩一张呆滞的脸。

每个人小的时候，都会有自己的小算盘，都会有高兴的事就笑，有生气的事就叫，有伤心的事就哭。为什么长大以后，人与人却有那么大的不同？有些人遇到高兴、生气、伤心的事，都要抱怨一番，感叹自己的不幸；有些人却正好相反，不论遇到什么事，他们都可以一笑置之，根本不放在心上，该干什么干什么，好像根本没有烦恼，或者根本不在乎烦恼。

烦恼就是这样，它永远随着你的心态转变，你看重它，它就重若千斤，像巨石一样挪也挪不开；你轻视它，它就成了羽毛，风吹吹就走，想找都找不到。所以，想当一个有韬略的棋手，就要有容纳全局的心胸。让你的心像野风吹过的空谷，人来人往，花开花落，烦恼不过是其中的微尘，阳光一照，也不过透出些颜色，点缀你的生活。

第五章
真正的善良，值得永远守护

「 将心比心，换位思考 」

鸟站在树上，对水里的鱼说："你应该感谢那片水域，是它养育了你，还给了你自由的生活。不像我，风吹雨晒，经常会遇到很多危险，很不容易啊。"

鱼对鸟说："你下来吧，你也下到水里吧，到了水里你就会知道，水里也有水里的难处。"

人总要设身处地地为他人想想。

人心不同，各如其面。我们喜欢的，别人不一定喜欢；我们认为应该的，别人不一定有同感。认识一个人很容易，但是真正了解一个人却很难。不过，只要设身处地地多为他人想一想，做到换位思考，结果就大不相同了。如果你对自己说："假如我处在他当时的困境之中，我会有什么感受？会做出什么反应？"这样，你就会省去许多时间和麻烦，同时也可以增加许多处理人际交往的技巧。

社会里充斥着许许多多的角色，如领导、群众、教师、医生等，每一个人也都扮演着一定的角色，在交际过程中，人们都是以具体角色出现的。由于长期习惯于从自己角色出发来看待自己和别人的行为，就使认识带有不同程度的片面性。因为角色不同，人际间总是发生冲突，不能相互理解，造成交际障碍。要想克服这一障碍，就要将心比心，设身处地为对方着想，假设自己处在对方的位置上，会作何感想。这样，就会通情达理地谅解对方和行为和态度。

将心比心，也就是要站在别人的立场上想问题。设身处地，从而对对方的利害得失与困难有较为深切的了解，由此再做出自己的决策，使决策不仅有利于自己，也使对方容易接受，有效地避免决策在实际运作中损害了对方利益。更重要的是，能为别人着想，会使对方一下子就知道你的义气情分，知道跟着你做事绝不会吃亏，他也就心悦诚服了。

凡是能帮人的都要帮人，因为你不知道明天会发生什么。今天的失败者，明天也可能是富翁。你今天还是百万富翁，明天可能一贫如洗。人生充满太多的变数，能帮人处就帮人，能恕人处就恕人。有时，我们发现那些经历过贫贱、困难的人，因为自己对这些东西有体会，所以为别人着想会容易一点。而一帆风顺、条件优越或是有名望有地位的人，平时办起事来碰钉子少，为别人着想就不容易了，甚至只要有一点权力就会以权压人。

所谓："己所不欲，勿施于人。"按一般的理解，就是推己及人，自己希望怎样生活，就想到别人也会希望怎样生活；自己不愿意别人怎样对待自己，就不要那样对待别人。总之，从自己的内心出发，推及他人，去理解他人。不要将自己的意志强加于人，别人之所以那么做，一定有他的原因，找出那个隐藏着的原因，那么你就容易理解别人的难处了。偏见往往会使双方彼此伤害，如果另一方耿耿于怀，关系就无法融洽。将心比心能使原先持偏见者在感情上受到震动，以致转变看法。

《传世言》中说："凡一事而关人终身，纵确见实闻，不可著口；凡一语而伤我长厚，虽闲淡酒谑、慎勿形言。"意思是：如果一件事关系到一个人的前程即使是亲自看到和听到的，也不要开口；如果一句话损伤自己长厚风度，即使是茶余酒后的笑谈中，也要慎重，不能轻易说出口。尖锐的批评和攻击，所得的效果都等于零。相反，努力去理解对方的用意，结局会好一些。

为他人着想，为自己铺路。你给别人留面子，别人给你做好事。你在关键的时候助人，别人也会在关键的时候帮你，如果你见死不救，甚至是怕他东山再起对你不利而落井下石，那么，当你遇到困难的时候，别人也就会隔岸观火、袖手旁观。

永远设身处地的为他人着想，当你受伤的时候，别人的心或许也在痛。一句无心的话可能引起一场争斗，一句残酷的话可能会毁坏一个人的生活，一句及时的话可能会平复波浪，一句充满爱心的话可能会治逾别人的伤口。

你种下什么，收获的就是什么。播种一个行动，你会收获一个习惯；播种一个习惯，你会收获一个个性；播种一个个性，你会收获一个命运。播种一个善行，你会收获一个善果；播种一个恶行，你会收获一个恶果。失败者失败的一个重要因素就是——他们从来不会站在对方立场上看问题；成功者成功的一个重要因素就是——他们始终站在对方的立场上看问题。

「 谦虚是观察万物的基本态度 」

毛泽东曾经说："一张白纸，好写最新最美的文字，好画最新最美的画图。"我们可以把自己的内心比作一张白纸，就可以接受来自客观方面的一切知识和技能，并且这种接受是积极的、谦卑的。所谓："尺有所短，寸有所长。"每个人身上都有闪亮的发光点，同样，每个人身上也都有认识方面的盲区。能够积极谦卑地学习他人之长，就可以弥补自身的不足，为事业的成功打下基础。

尊重每一个人，善待每一个人，学习每一个人，这是事业发展的根本保证。在这一点上，蔡元培做的就堪称典范。

蔡元培刚到北大当校长的第一天，大清早，他就坐车来到了北大的校门口。学校里的教职员工听说一个颇有传奇色彩的人物要来当他们的校长，老早就毕恭毕敬地排成队在学校门口迎接。

一辆四轮马车来到了北京大学的校门口。只见新校长缓缓地走下马车，摘下自己的礼帽，向这些教职员工们深深地鞠躬行礼。在场的人都惊呆了，这是北京大学从来未有过的事情。北京大学是一所等级森严的官办大学，校长享受着内阁大臣的待遇，从来不会把这些普普通通的教职员工放在眼里的。可是今天这位大名鼎鼎的校长竟然首先脱帽致礼，实在是大大出乎他们意料！

像蔡元培这样地位显赫的人向身份卑微的人敬礼，在当时的北京大学乃至中国都是罕见的。这不是件小事，然而，北大的新生正是从这些细节中开始了他们谦虚学习的生涯，因为蔡元培为大家树起了一面如何做人的旗帜。也正是因为蔡元培有这样虚怀若谷的谦虚态度，所以上任伊始，就有很多人主动向他反映学校的各方面情况，蔡元培也因此及时有效地开展了管理工作。假如蔡元培以与此相反的姿态出现在大家眼前的话，当时北京大学的状况就绝不会这么快地改观。

如果蔡元培生活在现代，也会对谦虚的心态大加提倡的。因为他正是凭借虚心谦和的态度，成为我国近代著名教育家与学者。

总之，谦虚、求新、积极的态度，是我们观察宇宙万物的基本态度，更能促使我们得到新的发现。

「 尊重别人就是尊重自己 」

　　一个身高不足 1.4 米的中国英语教师被挑选作为本地区唯一的代表，参加一个教育团赴新西兰学习访问。在新西兰，他们受到了当地政府的隆重欢迎，迎接他们的是新西兰市的市长。政府先安排他们参观了当地的学校，并与当地的学生、老师进行了交流互动，然后安排他们到当地旅游胜地游览。

　　短短的几天时间里，新西兰市市长虽然公务缠身，但还是多次接见了他们。临别时，市长主动提出大伙儿一块合个影。

　　摄影师调好焦距开始选取角度，这时，难题出现了。相比之下，高大的市长就像一棵挺拔的大树，而这个矮小的老师则像一株灌木，无论大家怎么调整，整个画面还是显得十分不协调，根本无法将集体合影完美地表现出来。

　　这位矮个子老师很尴尬，她红着脸提出干脆自己不参加合影好了。市长微笑着否定了，说自己有办法解决。让大家始料不及的是，市长竟微笑着在众人当中跪了下来！而他的这一举动，也使得画面正好符合摄影师拍摄的最佳高度，此时的画面布局十分和谐。

　　为了让一个矮个子的中国女教师完美地进入画面，一个风度翩翩的市长竟当众跪了下来，教师们都非常感动。

　　市长下跪不是一种屈辱，而是一种尊重！没有谁会认为这位市长是卑下的，相反，他赢得了人们的尊重，因为他给予了别人尊重。然而，那些根本不知道尊重别人的人，也不尊重自己的人格。他们将自己的人格自动降为了低等。

下面这个故事发生在美国纽约曼哈顿。

在美国著名企业巨象集团总部大厦楼下的花园，一位40多岁的中年女人领着一个小男孩走到这里，在一张长椅上坐下来。她不停地跟男孩说话，一副很生气的样子。不远处，一个看上去像是园林工人的头发花白的老人正在专注地修剪灌木。

忽然，中年女人从随身挎包里扯出一张纸，揉成团后一甩手扔了出去，纸团恰好落在老人刚剪过的灌木上。老人诧异地转过头朝中年女人看了一眼。中年女人也满不在乎地看着他。老人什么话也没有说，走过去拿起那团纸扔进一旁装垃圾的筐子里。

过了一会儿，中年女人又扯出一张纸，重复刚才的动作，纸团依旧落在了灌木上。老人再次走过去，把纸团拾起来扔到筐子里，然后回原处继续工作。可是，老人刚拿起剪刀，第三团纸又落在了他眼前的灌木上……就这样，老人连续捡起了六七个纸团，但他始终没有因此露出不满和厌烦的神色。

"你看见了吧！"中年女人指了指正在修剪灌木的老人，言辞俱厉地对男孩说："我希望你明白，你如果现在不好好上学，将来就跟他一样没出息，只能做这些卑微低贱的工作！"

这时，老人放下剪刀走过来，让人出乎意料的是，他对中年女人说："夫人，这里是集团的私家花园，按规定只有集团员工才能进来。"

"那当然，我是巨象集团所属一家公司的部门经理，就在这座大厦里工作！"中年女人高傲地说着，一副肆无忌惮的样子，还掏出证件在老人眼前晃了晃。

"我能借你的手机用一下吗？"老人沉吟了一下，突然问中年女人。

中年女人不想借，可又觉得有失身份，于是极不情愿地把手机递给老人，同时又不失时机地"开导"男孩："你看这些穷人这么大年纪了连手机也买不起。你今后一定要努力啊！"

打完电话，老人把手机还给了中年女人。很快地，一名男子匆匆走来。走到老人面前停下来了，毕恭毕敬地站在那里。老人对这名男子说："我现在提议免去这位女士在巨象集团的职务！""是，我立刻按您的指示去办！"男子忙不迭地连声应道。吩咐完毕，老人径直朝小男孩走去。他抚摸着男孩的头，意味深长地说："我希望你明白，在这世界上最重要的是要学会尊重每一个人……"说完，老人撇下三人缓缓而去。

发生的一切霎时让中年女人惊呆了。这个男子是巨象集团主管任免各级员工的一个高级职员。"你……你怎么会对这个老园丁那么尊敬呢？"她大惑不解地问。

"你说什么？老园丁？他是集团总裁詹姆斯先生！"听到这话，中年女人刹那间明白了一切，一下子瘫坐在长椅上。

要想赢得别人的尊重，首先得学习如何尊重他人。不会尊重别人的人，也必将得不到别人的尊重。一个人如果要取得成功，很多时候是少不了请求别人帮助的，而别人的帮助是建立在得到尊重的基础上的。只有怀着一颗感恩的心来对待每一个人，表明自己对他人的尊重，我们才能得到别人的帮助，从而使一个个难题迎刃而解，这样才能取得生活和事业上的成功。

「错而能改，善莫大焉」

富兰克林说："在我们犯错的时候，请让我们自愿改正。而在我们正确的时候，请让我们博得人心。"确实，在知道自己做正确的时候，我们常常得意忘形，忘记保持谦虚谨慎的态度，不再想自己也有犯错误的可能。我们说知错能改，就是让我们学会怎样正确地面对失败。失败本身就意味着已经犯了错误，在我们犯了错误时，又不积极地查找原因，反而将错就错，得过且过，就不能从根本上改正过来。所以说，知错能改，善莫大焉。

让我们拿富兰克林做个说明。

当富兰克林还是一个毛躁的年轻人时，他曾多次与人在聚会上争论。有一次，在争论过后，一位富兰克林十分敬重的老朋友把他叫到一旁，尖刻地对他说："你这样做太不理智了，简直是无可救药。你看看在场的这些人，他们哪一个没有受到过你的攻击。你已经打击了每一位和你意见不同的人。你太专横了，有些时候，你并不是在发表自己的意见，而是在命令别人接受你的意见，这怎么能叫人承受得了。只要你在场，你的朋友们就会感到不自在。你的知识虽然丰富，但是你的脾气太倔强了，容不下他人，因此没有人再打算与你讨论些什么。长如以往，你怎么可能获得新的知识与见解呢？"

老朋友的一席话，让富兰克林深感惭愧。此时的他正面临着社交失败的命运，他虚心地接受了老朋友的建议。从此，他给自己立下了一条规矩："从今往后，决不允许自己在语言和文字上使用太肯定的意见、太武断的话，比如'必须''无疑'等等；而要试着改用'如果''假如'，或者是'也许'等等。"

"当别人叙述一件事、陈述一个观点时，尽管自己不敢苟同，但还是要克制自己，决不能立刻驳斥对方的错误观点。"他要求自己这样回答对方："在某些条件和情况下，你的意见无疑是正确的，但在目前这件事上，看来好像还可以这样，比如……"

富兰克林改正了自己专横的态度，结果他真的收到了意想不到的效果。凡是有他参与的谈话，气氛都变得融洽多了。他以谦虚的态度来表达自己的意见，这不但使自己的意见更容易被接受，还大大地减少了一些没有必要的冲突。自从他改为谦虚的态度后，他发现自己即使说得有错，大家也没有像以前那样群起而攻之；当他碰巧说对的时候，大家则纷纷对他大加赞赏。我们不能不承认，富兰克林在反省自己改正错误方面，是个绝顶聪明的人。

知过能改，往往成为胜利的关键之所在。

在美国北卡罗来纳州的夏洛特市，有一个商人叫作格里，他在给西尔公司当采购员的时候，发现自己犯下了一个很大的错误。而恰恰是面对这次错误时，格里做到了知错能改，使他的事业跃上了新的高度。

当时，有一条对零售采购商至关重要的规则是：不可以超支账户上的存款余额。如果你的账户上不再有钱，你就不可以再购进新的商品，直到你重新把账户填满，而这通常都必须要等到下一个采购季节才行。

格里在一次正常的采购任务完成后，忽然有一位日本商贩向他展示了一款极其漂亮的新式手提包。格里一见这款新式手提包，心里就打定主意要买下来，可这时他的账户已经告急了。格里知道，他理应在早些时候准备好一笔应急的款项，以便于应对眼前这种意料之外的大好机会。此刻，格里知道自己只有两种选择：要么放弃这笔对西尔公司来说肯定是有利可图的交易；要么，马上向公司主管承认自己所犯的错误，以便于请求立即追加拨款。正当格里坐在办公室里苦思冥想的时候，碰巧公司主管来访。格里当即就对他说："主管，我遇到了大麻烦，我犯了个大错误！"接着，格里真诚地解释了所发生的一切。

主管历来就不是个喜欢大手大脚花钱的人，但是，格里的坦诚感动了他。很快，这位主管设法给格里拨来了所需的款项。等手提包一上市，果然深受顾客的喜爱，卖得十分火爆。知错就改的格里也从超支账户存款这件事中汲取了很多经验，在此后的采购行动中，这一教训对格里来说具有非同寻常的意义。

孔子说："过而不改，是谓过矣。"犯了错不算什么，但是错了还不知悔改，那才是真的错了。

　　孔子还说过："知错能改，善莫大焉。"这句话给我们以很好的启示。如果人们能坦诚地面对自己的弱点和错误，并能够拿出足够的勇气去承认它、面对它，这不仅能够弥补错误所带来的不良后果，还能够改善和加深领导及同事对你的印象，从而很乐意地原谅你犯的错误。为了鼓励你改正错误，再次担当重任，可能还会交给你一些重要的工作。知错能改不但不是"失"，反而是最大的"得"。

「 言必行，行必果 」

　　诚信是立身之本，尤其是现在这个讲求诚信的时代，诚实守信，不违诺言，就能广交朋友，事业有成。可是如果不讲诚信，漫天欺诈，就必然成不了什么大事。因此，重视诚信，实际上就是尊重自己。孔子曾经说过："人而无信，不知其可。"可见只有诚实守信的人，才能得到别人的尊敬和信任。

　　孔子的弟子曾子得知妻子为了让孩子听话，就哄骗其说要杀猪给他做肉吃，为了守信就真杀了家里仅有的一头猪。曾子怕的是大人说话不算话，影响到孩子将来的发展。一个人连小孩都不想欺骗，更何况大人，所以曾子后来很有成就。

　　战国时的商鞅为了便于推行改革，就曾大力树立威信。他在国都南门口立了一根三丈长的木头，并当众许下诺言："能把这根木头搬到北门的人，赏50金。"有一人抱着试试看的心态将木头搬到了北门，商鞅果真当场就赏了他50金。后来商鞅的变法取得成功，使得秦国逐渐强大起来，这和他言而有信有很大的关系。

信守诺言是一个人的基本品德，但是如果一个人连自己昔日的诺言都不能兑现，而是高高在上肆意妄为，那么，他何来信誉？何来尊严？那些不能够兑现承诺的人，不仅自己为之付出代价，而且会被世人斥为卑鄙的小人。李渊就是一例。

李渊能够登上帝位，建立强大的唐朝，次子李世民的功劳可谓最大。当初为了能够登上皇位，李渊一高兴就许诺李世民："大事如果成功，天下如果到手，就让你当太子。"这对于李世民来讲，实在是一个大大的美梦。可等到李渊当上了皇帝，就把当初的诺言抛到九霄云外了。这就导致了李世民被迫发动玄武门之乱，射杀太子，自己当了皇帝。而此时的李渊，面对轻许的诺言而无法兑现，致使自己的三个儿子自相残杀，自己也因为失信而被架空，成了没有实权的太上皇。

现代人需要拥有很多优良的品质，在综合素质当中，诚信是最为重要的。你若有诚信，外部条件就会加倍地放大你的人格魅力，帮助你的事业走向成功。

「 常怀感恩之心 」

所谓"感恩"，牛津字典的解释是："乐于把得到好处的感激呈现出来且回馈他人"。所谓"感恩之心"，就是对所有给予自己帮助的人表示感激，铭记在心。一个人能够感恩说明他不是将自己一直视为施恩者，这样他便能够将自己从高高在上的位置上拉下来，摆正自己的身份。

如果有人说："没人给过我任何东西！"这应该是世上最大的悲哀。从这句话也不难得知，说话的人不论是穷人还是富人，他的灵魂一定是贫乏的。这样的人对恩义感觉迟钝，对怨恨却十分敏感。这样的人常常怨天尤人，觉得自己的人生充满不幸，前途一片灰暗。这种人对别人的要求特别高，喜欢用自己的思维模式来规范他人，整天抱怨他人却从不检讨自己，结果成为不受欢迎的人。

有些人只想从别人身上捞好处却不想回馈，这样的人是不受欢迎的。短视近利的后果，只会让帮助他的人感到失望，从此不再给予他支持和帮助。只会向别人索取的人，大多都不考虑自身的责任，不知道自己也应给予，甚至认为别人要算计他，对他不怀好意，最终会因为自己太狭隘而导致众叛亲离。

中央电视台曾报道过贵州山区一名普通教师的感人事迹。

这位老师姓陆，由于幼年曾患过小儿麻痹，使得他从此无法像正常人一样站立行走。但他心灵手巧，很多事情都能干，挣钱养活自己也不在话下。当时他每个月挣的钱要比当老师的月收入高得多。可是，当村领导找到他，请他在村里的小学当教师时，他毅然决然地答应下来。他知道，因为没人愿意当老师，村里的小学已经停课一年多了。而因为山里的条件太差，许多孩子都辍学在家。就在这样的情况下，他开始了自己的教师生涯。这份工作对普通人来说不是什么难事，但对于不能站立行走的陆老师而言，就意味着他每向前跨一步，就要征服一道坎。而眼前的困难是：学校已经没有学生，他得去家访，动员他们回到学校。孩子们的家相距甚远，有的甚至还得穿过森林才能到达，这对于身有残疾的陆老师而言无疑是个像山一样的困难。为了能到达每一个学生家中，他做了一双特殊的像船一样的"鞋子"固定在膝盖下，帮他攀爬陡峭的山路。同时，为了在穿过森林时不至于成为野兽的口中食，他还专门做了一只铜哨，以便在遇到危险时吹响它吓唬野兽。就在那双特殊的鞋和铜哨的陪伴下，他将70多个学生一个不少地找回了学校。几十年间，他的"脚印"布满了周边的7个山区。

2006年，陆老师58岁了，在社会各界的帮助下，医院给他做了手术。他第一次站了起来，并且第一次像正常人一样穿上了鞋子。那一刻，在困难面前从没抱怨过的陆教师忍不住潸然泪下。他说："感谢社会的关爱，58岁才第一次站起来，第一次穿上鞋，这些都是社会给予的，我感谢社会。"他为这个社会无私奉献了一生，感恩的应该是这个社会，而他也理应受到社会的关爱，但是，他却因此充满了感激。

懂得感恩，是一个人能正确认识到自己与他人以及这个社会的关系的表现；学会报恩，则是在这种正确认识之下产生的一种责任感和回报意识。正是因为有了感恩和报恩，这个社会才充满了温情和和谐。因为感恩，人们可以认真、务实地从最细小的一件事做起；因为感恩，人们会自觉做到严于律己、宽以待人；因为感恩，人们能正视错误，互相帮助；因为感恩，人们会感觉到自己就生活在一个温暖的大家庭中，并不孤独……

人生的道路曲折而坎坷，总有些艰难险阻、挫折和失败横亘在前，阻止你前进的脚步。就在那一个个危急时刻，如果有人向你伸出双手，解除你生活上的困顿；有人为你指点迷津，让你明确前进的方向；甚至有人用自己的肩膀、身躯把你把你高高托起，助你攀上了人生的高峰，实现了你的人生梦想……在这样的情境下，你能不心存感激吗？你能不思回报吗？感恩的表现就是回报。回报，就是对哺育、培养、教导、指引、帮助、支持乃至救护过自己的人心存感激，并通过实际行动去回报对方，以表达自己内心的感激之情。

一个不懂得感恩的人，只会觉得这个社会所给予他的一切都是理所当然的，他所给予的回应就是冷漠和残酷。而一个常怀感恩之心的人，是心地坦荡、胸怀宽阔的，在别人遇到困难和挫折时，他会由此想到自己曾得到过的帮助，从而以一种传递的理念给他人以帮助，并以此为乐。这就是常怀感恩之心的人容易得到快乐的原因。

「莫以恶小而为之」

古人说:"莫以恶小而为之,莫以善小而不为。"这句话讲的是做人的道理,只要是恶,即使是小恶也不要去做;只要是善,即使是小善也要去做,这值得我们每一个人去深思。

有些人认为成大事者应不拘小节,岂不知这其中有些小节就是小恶,一个人的一举一动、一言一行无不体现出这个人的素质。

大家可能都听说过这样一个故事:

有一位老和尚,凡遇徒弟第一天进门,必要安排徒弟做一项例行功课——扫地。过了些时辰,徒弟来禀报,地扫好了。

师父问:"扫干净了?"

徒弟回答:"扫干净了。"

师父再问:"真的扫干净了?"

徒弟想想,肯定地回答:"真的扫干净了。"

这时,师父会沉下脸,说:"好了,你可以回家了。"

徒弟很奇怪:"怎么刚来就让回家?不收我了?"

"是的,是真不收了。"师父摆摆手,徒弟只好走人,不明白师父怎么也不去查验查验就不要自己了?

原来,这位师父事先在屋子角落处悄悄丢下了几枚铜板,看徒弟能不能在扫地时发现。大凡那些心浮气躁或偷奸耍滑的后生,都只会做表面文章,不会认认真真地去扫那些角落。因此,也不可能捡到铜板交给师父。师父正是这样"看破"了徒弟,或者说,看出了徒弟的"破绽",如果他藏匿了铜板不交师父,那破绽就更大了。不过,师父说他还没遇到过这样的徒弟,因为贪婪的人是不会认真地去做别人交付的事情的。

师父看出的"破绽",是徒弟品德修养上的弊病。

衣服上的破洞需要缝补,而一个人品德上的"破绽",需要通过加强修养来克服。只有时时处处严格要求自己,才能完善自己的道德品质,才能成为一个容易被别人接受的人——这正是对"酒与污水定律"的生动诠释。不管过去还是现在,这样的事例还是很多的。

唐朝元和年间,有一个名叫吕元应的人。他酷爱下棋,门下有一批下棋的食客。

吕元应常与食客下棋。谁如赢了他一盘,出入可配备车马;如赢两盘,可携儿带女来门下投宿就食。

有一天,吕元应在院亭的石桌旁与食客下棋。激战正酣之际,仆人送来一叠公文,要吕元应立即处理,吕元应便拿起笔准备批复。下棋的门客见他低头批文,认为他不会注意棋局,迅速地偷换了一枚棋子。哪知门客的这个小动作被吕元应看得一清二楚。他批复完文件后,不动声色地继续与门客下棋。最后门客胜了这盘棋。食客回到住房后,心里一阵欢喜,企望着吕元应提高自己的待遇。

第二天,吕元应携来许多礼品,请这位食客另投门第。其他食客不明其中缘由,都很是诧异。

十几年之后,吕元应处于弥留之际,把儿子、侄子叫到身边,谈起那回下棋的事,说:"他偷换了一个棋子,我倒不介意,但由此可见他心迹卑下,不可深交。你们一定要记住这些,交朋友要慎重。"他积多年人生经验,深觉棋品与人品密不可分。

小事可以显示人的品德。在日常生活中,不管是在工作中还是在娱乐中，你的一言一行都是别人衡量你人品的尺码。所以，要谨小慎微地恪守正直无私、光明磊落之道。

有些员工在上班时总是出现非常小的过失，并心存侥幸认为是"小事一桩，领导又没看见"，心想着这又不是什么大事情。其实这是工作中养成的一种不好的"小节"，而"小节"在人们的眼中似乎是无伤大雅的，但从量变到质变的规律来看，如果任由不良的"小节"蔓延开来，就可能导致一个人犯更大的错误。达尔文说，人与低等动物的最大区别，就在于人类具有道德感。唯其如此，对于一切有损于道德品格的行为，是不可以视为"小节"的。很可能不经意间，自己的"小节"就变成了小恶，小恶就成了大恶。

失之小节，也许是酿成大错的开始，因为一个人良好的素质往往体现在"小节"上，正所谓"莫以恶小而为之"。反之，自律、自爱、自尊、自强，时时处处从"小"做起，才能给我们的生活带来更大的收获，才会有更好的发展。

第二篇 | 事做对：
圆融的做事法则

◇ 第六章　责任，是做事最基本的态度
◇ 第七章　匠心的年代，需要工匠精神
◇ 第八章　巧干胜蛮干，有头脑地做事
◇ 第九章　做有效的事，有效率地做事
　◇ 第十章　浮躁的世界，心静者胜出

第六章
责任，是做事最基本的态度

「 没有平凡的岗位，只有不凡的使命 」

世界上不存在可以不用承担责任的工作。责任的大小和职位的高低是成正比的，职位越高，所要承担的责任就越大。不要被责任吓倒，要相信，你能够承担任何正常职业生涯中的任何责任。

在这个世界上生活的人，都扮演着各自不同的角色。要想把这个角色所蕴含的内容体会明白，就要把这个角色所附带的责任承担起来。责任的来源是不同的，有些是我们与生俱来的，有些是来自于工作或是身边的朋友，但无论什么样的责任都不能借故推托。

古希腊有一位著名的雕刻家叫菲迪亚斯，他当时接受雅典市的委托，负责雕刻一座雕像。当雕像完成时，雅典市的会计官却认为雕像的后面雕刻得和正面一样，但没有人能看到这座雕像的背面，所以拒绝向他支付薪水。

菲迪亚斯对此进行了一番反驳："你没有看到，可是上帝看到了。从你们让我接手这份工作开始，上帝就一直伴随着我、注视着我。我为完成这座雕像所做的点点滴滴他全看在眼里了。"

信仰存在于每个人的心目当中，工作也是我们的一种信仰。菲迪亚斯非常自信，他相信上帝会看到自己所做的一切努力，也相信自己的作品一定是很完美、很有价值的，是应该得到认可的。他把自己的心和上帝联系在一起，这足以证明他的敬业精神，这种精神代表了一种虔诚的态度，一种对神和人尊严的尊重。在工作中，敬业也代表着承担责任，承担责任则代表着一种虔诚的心态。

2400多年过去了，这座雕像至今还在帕特农神殿的屋顶上伫立着，它已经成为受众人瞩目的伟大杰作，这一点说明了当年的菲迪亚斯的确是一位伟大的雕刻家。

如果现在有一件事正等待着你去做，要学着像菲迪亚斯那样用心对待，你一定会为自己能得到这样的工作而感到骄傲，因为你终于可以靠着这个工作为世界贡献出自己的力量。在这个过程中，你会发现其实工作也是充满了乐趣，人生也是很有意义的。

在西方世界，一提到德国货，人们就会相信它们一定是优良品，为什么它们会得到大家的信任呢？因为在德国人心中，金钱不是最重要的，他们对待自己的产品非常虔诚。他们不仅把工作当成谋生的手段，更是当成自己的光荣任务。他们的价值观和那些以金钱为中心、唯利是图的观念存在着天壤之别。

如果你不像德国人那样拥有自己的信仰，我们该用什么来战胜自己的惰性，把工作完成得尽善尽美呢？答案是内心的使命感。所谓"使命"就是指我们所要奉行的命令，所要担当的义务。使命感是一种心理状态，它可以督促我们快速采取行动，实现自己的理想。如果你能把工作当成一项重要的使命来完成，你就会对自己所从事的事业有一种认同感，并能将这份热情长久保持下去。马斯洛说："音乐家作曲，画家作画，诗人写诗，只有这样才能心安理得。"

我们在企业中经常会看到这样的人，他们没有自己的目标，只是做一天和尚撞一天钟。他们总是抱怨生活就像水上浮动的木头一样漂泊不定，这些人做事能求简单就决不肯再多费一点工夫。他们把中午吃饭的时间、晚上下班后的时间、周末还有发薪水的日子，当成是自己最最快乐的时光。生活的目标仅仅是混过一天算一天。

难道这就应该是生活的全部吗？

一个人如果能把使命看得很重，那他不管在什么时候都会对自己的工作负责，哪怕是到了生命的尽头也不例外。

黄志全曾经是大连市公共汽车联营公司 702 路 422 号的双层巴士司机。他在开车时，心脏病突然发作，可是就在生命的最后一刻，他还坚持做了三件事：

第一件事：慢慢地把车停在路边，将手动刹车闸拉了下来。

第二件事：费尽全力打开车门，让乘客安全地从车上下来。

第三件事：熄灭发动机，确保车和乘客的安全。

做完这三件事，他才安心地趴在方向盘上停止了呼吸。

黄志全只是一位名不见经传的公交车司机，但在生命的最后一刻他向我们传达着这样一个信念：一个人应该勇于承担职业所赋予他的使命。

只要我们心中充满使命感，岗位再平凡，也可以创造出不凡的业绩。

「 负责任就是提升你的竞争力 」

负责任不仅可以使你与眼前的工作实现双赢，更重要的是，它能够提升你的竞争力，包括你的能力、价值等等。

上司把重任交给你，就证明上司对你是信任的，这也为你提升能力提供了一个大好时机。在这时千万不要贸然拒绝，否则你在上司心目中的地位就会受到影响。只要你能有耐心、有计划地把事情一件件做好，一定能收到意想不到的效果，你的能力也将在无形中得到提高。

卡罗·道恩斯在一家汽车公司做普通员工，过了6个月，他给老板写了封信，推荐自己，想看看自己能不能被提拔。于是老板让他去新厂负责机器设备的安装，但加薪与否还要根据表现再定。道恩斯不了解机器安装方面的知识，也看不明白图纸，但他还是选择接受这个任务。他充分利用自身在领导方面的才干，自己掏腰包请有关技术人员帮忙，提前完成了工作，最后他的职位获得了提升，薪水也翻了好几倍。

后来老板告诉他："我本来就知道你看不懂图纸，如果当时你为自己找借口推脱责任，现在恐怕你早就被开除了。但你能认识到自己的不足，充分发挥自己的优势，通过努力提升能力，把工作完成得如此出色，我很欣赏你的这种精神，所以，我决定把你安排到重要岗位上去。"

你能认真负责地对待工作，你的能力也会在不知不觉中得到提高。你能知不足而自省，进而去改进，能力自然而然也就得到了提高。作为一个刚刚踏进社会的年轻人，不应该一开始就把企业能支付给你多少钱看得过重，你更应该把目光集中在工作能带给你其他方面的进步上。比如，能让你学到某项技能，增长自己的工作经验，升华自己的个人精神。和这些相比，工资就不是最重要的了。老板给你的是金钱，而你给自己的却是让你受益终生的精神财富。

能力是无法用金钱来衡量的，也是别人偷不走、送不来的。许多今天看来已经功成名就的人士，当年不知经受过多少次的挫折和失败。他们有能力，所以能够东山再起。如果你能把每一份工作、每一次成功或失败都看成一次获取经验的机会，那么你就能在每份工作中获得成长。从成功者身上我们可以看到：想要得到世界上最大的幸福，就得付出最大的代价；想要有更好的成绩，就得付出更多的辛勤劳动。

罗兰一直想像她的邻居那样，在医院里当一名护士。那位邻居因为工作出色在医院担任夜间领班护士，她勤勤恳恳，对工作尽职尽责，很多次被授予荣誉称号。

罗兰也希望自己能像邻居这样，在这个领域干出一番成就，她下定决心先从医院做服务工作下手，以此作为自己向理想迈出的第一步。

可实际上，她总在上班时间和同伴东拉西扯地说闲话，到公共食堂里休息偷懒。对待工作也磨磨唧唧，态度不积极。她在病房因为贪恋看电视，病人想喝口水也要等上很长时间，为此，她经常受到病人的抱怨。她多次被医院警告，不久之后，她的护士生涯就此结束了。

护士这一行离不开责任感和使命感，但罗兰却没有意识到这一点。通过罗兰的事情，我们可以看出，你的能力是要求用你的职责履行结果来体现和证明的。你能认真履行职责，才能成为一个称职的员工。

「 责任心为你赢得信任和尊重 」

一个人只有把自己应承担的责任全部承担下来，才能从别人那里得到尊重，才会活得更有尊严。即使出身低微、地位低下，只要肯勤勤恳恳认真对待工作，同样可以得到众人的尊重。

有一次，一个法国士兵奉命给拿破仑送一封信，一路上都是敌人设下的重重关卡，他的腿在送信途中被敌人打伤了，但他没有休息，硬是撑了三天三夜，马不停蹄地提前将信送到了拿破仑手中。当他来到拿破仑面前时，他的坐骑由于一路上跑得太疲惫累倒在地，当场丧了命。这位士兵也累得晕了过去。他醒过来以后，亲自把信交给拿破仑。拿破仑又写了一封回信，依然让他担任信使，并把自己的宝马送给他。

那个士兵看到拿破仑送自己的是一匹被装饰得十分华丽的宝马，拒绝道："将军，我只是军队里的一名普通士兵，这样华美的宝马，像我这样的人是没有资格骑的。"拿破仑说："任何一个法兰西士兵，只要是大胆勇敢、能担重任的，那么世界上没有一样东西是他们不配享受的。从今往后这匹马就归你了。"于是，这位士兵接受了拿破仑的坐骑，在别人羡慕的目光下，这位勇敢的士兵骑着宝马、带着荣耀重新上路了。

不管什么性质的工作，我们都要学会把心静下来，踏踏实实地做事。其实时间花在什么地方，成就就会在哪里显现。只要你态度认真、做事努力，大家都会记住你的功劳，你也会得到领导的赞扬，你身边的同事也会因你的业绩而更加敬重你。

如果你能够以一种虔诚的态度对待自己的职业，用一种认真的方式去做，大家都会对你刮目相看，你也会因此成为一个受欢迎、受尊敬的人。

有一个人从一生下来就双目失明，为了生存，他继承了父亲种花的职业，成为了一名花匠。他看不见花到底长什么样子，只是从别人那里得知花都是艳丽芳香的。他经常把手放在花朵上触摸，把鼻子贴近花朵闻花的芳香，他在心里感受花的存在，描绘花的美丽。

他十分爱花，每天坚持给花浇水、施肥、驱虫。为了给花挡雨，他宁可自己被淋湿；为了让花免受阳光的暴晒，他宁可自己被晒；为了让花免受狂风的袭击，他用自己的身体为花遮挡。

在众人看来，他的行为是十分异常的，甚至就是一个疯子的作为。很多人都会问："值得为花这样大动干戈吗？"他的回答是："我的工作就是种花，我要把全部精力都放到种花上面去。我这样做只是尽到一个种花人的责任。"在这种思想的指引下，他种的花开出来都是最美丽的，也最受当地人欢迎，同时也获得众人的尊敬和钦佩。

有了责任的存在，我们才要付出；有了付出，才能有回报；有了回报，你就会增强自信心，赢得别人对自己的尊重。把自己的工作看成和生命一样重要，热爱工作、对工作负责，你一定能从工作中获得你所需要的。

第二次世界大战期间，伍德鲁夫担任可口可乐公司总裁，他在当时发出了一个伟大的声明，那就是不管公司付出多么大的代价，只要祖国军队所到之处，就要让当地的军人只花5分钱就能喝到可口可乐公司的饮料。

可口可乐公司为了实现这一承诺，必须想尽办法把浓缩的可口可乐液装到瓶中运走，并把厂子设立在军队所到之处。要实现这个目标，就要派员工到战争地区，像军人那样面对战争的危险和死亡的威胁。当时一共有248人被公司派到国外，而这些人没有一个退缩，他们都把这一艰巨任务看成是一次为企业树立品牌形象和培养客户的大好机会。他们都满怀信心要好好完成这一任务。

在困难危险面前，他们没有退缩，用毅力顶住了来自外界和自身的压力，使得公司的计划得以实现。他们跟随部队从新几内亚丛林到法国里维拉的军官俱乐部，售出的可口可乐总数达到100亿瓶。可口可乐公司的代表也被美国军方授予"技术观察员"的称号，甚至可口可乐工厂的工人能够和修理飞机坦克的军人受到同样的尊重，因为他们冒着战争的危险，给士兵们送来了家乡的温暖。

可口可乐公司在战争结束后，以极快的速度成为美国产品的象征，成为美国人生活中不可缺少的重要组成部分。可口可乐王国在全美国已经根深蒂固，深深扎根于美国人民的心目当中。

难道摆在你面前的困难能和可口可乐公司派遣人员随军深入战区相提并论吗？那时公司好多"技术观察员"都在国外牺牲。所以，抛弃你那些冠冕堂皇的理由吧，以强烈的责任心来面对工作，你的努力一定会得到公司的认可，而那种敢于承担责任的人将会越来越受到公司的重视和同事的欣赏。在大家心目中，这样的人才最值得信任和交往，这样的人才具备开拓创新精神，才能给公司创造更大的效益。

「 不管结果如何，全力以赴 」

责任感是情商的核心组成部分，一个员工只有富有责任感，效率才会更高，获得成功的机会才会更大。他们注重的不仅是工作的过程，还有工作的结果。他们不会为自己拙劣的结果找任何理由辩解，只关心所做的事情是否正确。亨利·沃德·毕察曾经说过这样一句话："一次航行能否算得上成功，不是由离港起航决定的，而是看它最后能否顺利归航入港。"

在某次奥运会的马拉松项目中，参赛选手们都到达了终点，完成了比赛。只剩一位选手还在吃力地坚持着，最后终于跑完了全程，进入了体育场，这位选手名叫艾克瓦里。

艾克瓦里最后抵达终点的时候，腿上都是血迹，他是在用坚强的毅力支撑着自己，一瘸一拐地坚持跑完了全程。

有人疑惑不解地向他问道："比赛结果早已经出来了，你再跑下去也不会帮助自己的国家增加积分，夺得奖牌更是毫无希望的事情，你为什么还要拖着受伤的腿坚持跑到最后呢？"

艾克瓦里不顾自己刚跑完全程体力不支，用微弱的声音回答道："我受国家的委托来到这里参加比赛，不是只完成起跑这一动作就可以了，我的任务是参加完全程的比赛。"

在艾克瓦里的心目中，成败已经不是最重要的了，他真正在乎的是，行动了就要有结果。具体来说，就是不管最后成绩是好是坏，他都要坚持跑完整场比赛，他要问心无愧地用结果向自己的国家交代。

责任代表着一种奋发向上的精神，把它转化成动力，便能使人不再胆怯、义无反顾、勇往直前。一个有责任心的人也可以用这种精神感染别人，增强他人的责任感，让他们和自己一样承担起属于自己的那份责任。

有一列火车正行驶在京广线上，车上的一位孕妇马上要临盆了，列车员立即在车上播放广播想为她在旅客中寻找一位妇产科的大夫。所有乘客在为这件事焦虑不安的时候，一个人站出来了，自称是妇产科医生。她跟着列车长来到一个用床单隔离出来的简易"产房"中，此时各种工具，比如毛巾、热水、剪刀等都准备齐全，就等着大夫的到来。产妇这时正面临着难产的危险处境，这位自称大夫的人在了解了这一情况后就开始发慌了，她把列车长叫出来，很不好意思地说自己其实并不是什么妇产科的大夫，只是曾经在医院的妇产病房当过几天护士，并且是因为医疗事故才被医院开除了。如今产妇的情形不容乐观，以她的能力恐怕办不到，所以还是赶紧把产妇送往医院吧。

此时列车还在京广线上行驶，到达下一站最少还要一个小时的时间，送医院根本不切实际。列车长鼓励这位护士说："虽然你曾经只是一名护士，但在这趟车上，没有人比你更有经验了，我们都把你看成是专家、医生，将希望寄托在你身上。我们信任你，你一定可以办到的。"

护士被列车长的这番话鼓舞，进产房之前她又问："如果出现意外，是保住大人还是保住孩子？"

"我们大家都相信你，你就放心去吧！"列车长说。

这次护士被彻底鼓舞了，充满信心走进产房。列车长安慰产妇，让她放心，说现在给她助产的可是一位有名的妇产科专家，只要她配合好就一定不会有事。"

结果手术真的成功了，那位护士几乎是自己一个人独立完成这次手术的，这也是她有生以来最成功的一次手术。随着婴儿的一声啼哭，母子都脱离了危险，全车人都欢欣鼓舞，那位护士也成了大家心中的英雄。正是由于大家对她的信任，她才战胜了内心的胆怯，出色地完成了这次"任务"，也洗刷了曾经那段让自己遗憾的历史，给自己找回了自信。

责任不是在别人面前逢场作戏、装装样子，如果你勇于承担责任，别人也会从你这里深受鼓舞而变得更有责任感。这就是责任所产生的巨大力量。

在现实生活中，我们经常会碰到一些原本不归自己管的事情，本来不用我们去完成，但是一股强烈的责任感驱使我们不得不做，就算这件事情再难也要全力以赴。如果最后结果是你成功地完成了这件事，不仅可以让你的心灵得到安慰，也可以把这种使命感传递给其他人，让他们在你行为的感召下，也变得充满责任感。

「 爱找借口的人不会轻易成功 」

不要为自己的过错寻找借口，因为不管是什么样的借口，其实都是在推卸自己应承担的责任。不要选择借口，责任是一个人工作态度的体现，而消极的态度通常会是积极进步的拦路石。工作中，我们经常会遇到挫折，那我们是迎难而上还是找借口绕道远行躲避困难呢？

下面的这些借口也许你在工作中已是司空见惯了："我的专业不是这方面的，这个工作我可能做不了！"

"这些不归我管，你还是找别人吧！"

"没想到，市场变化这么快，活该倒霉！"

"太难了，干脆放弃算了！"

"我有必要这么认真、这么辛苦吗？"

"这个方案最初不是我提出的，你还是去找别人吧！"

……

我们不得不承认，以上的这些借口都是没有责任心的体现。

在一次和朋友的聚会中，陈某满腔怒气地当着朋友的面抱怨，这么长时间以来公司都不愿给自己机会。他说："我在公司的底层摸爬滚打有15年了，但仍然有失业的威胁。进公司的时候，我是一个血气方刚、朝气蓬勃的年轻人，现在都人到中年了，可为什么就是得不到领导的信任？难道我为公司做得还不够吗？"

朋友问他为什么要等着公司施舍，自己不去积极争取。

"我曾经也尝试过，只是每次争取来的都是我不想要的。如果我接受了那些机会，我会过得比现在还糟。"

"那你曾经争取到什么样的机会？"

"前段时间，公司让我去设在国外的营运部工作，他们也不想想我这么大的年纪，这么弱的体质，怎么能去那么远的地方呢？"

"你不是一直都梦想着有这样的机会吗？"

陈某不服气地说道："公司本部里那么多职位空着，却要让我到遥远的海外。在那里，我没有亲人，没有朋友，他们可都是我生活的重心呀，可他们竟然会让我去那么远的地方从事开荒的工作。那里工作环境差暂且不说，去了之后也根本没有什么发展前途呀。"总之，他把不能去海外的理由列举了一大堆。

朋友听了他的唠叨，都沉默不语了。大家都应该明白了他在这漫长的15年中一直没能实现愿望的真正原因了。他们也在心里预测到，在今后的日子里，他一直都不会得到如自己所期望的那种机会。

其实，每一个借口都有其真正的原因隐藏在背后，只是有时我们不便说出来罢了，或者我们本来就不想让别人知道。我们可以通过借口回避一些本应承担的责任和面对的困难，以此来获得心理上的慰藉，可时间一长，就会出现这样的情况：每个人都在努力为自己的过失寻找借口，都在回避自己应当承当的责任。

结果已经形成了，就不会再改变，不管你的理由有多么冠冕堂皇、听起来多么动人，可是事实摆在面前，理由也只不过是借口罢了。

我们的人生不需要任何借口，因为无论借口听上去再怎么合理，它对已经造成的结果也是于事无补，所以不为过错寻找借口是理所当然的事情。

「于细微处见责任心」

一滴水可以把整个太阳的光辉折射出来，一件小事可以将一个人的内心世界表现出来。一个人有没有责任感，通过细枝末节的小事就可以看出来。一个人如果对一件小事都负不起责任，那他又如何能挑起更大的重担呢？

有一家公司要招聘几名新员工，前来应聘的人倒是不少，而且从表面上看一个个都很精明能干，应聘的人走了一拨又来了一拨。从每个人的表情上看，个个都是胜券在握。面试官为面试者准备了一道题，让大家谈谈自己对责任的理解。

这个问题看似简单，众多面试者也这样认为，但是面试结果却让所有人感到意外，竟然没有一个人通过面试被录取。难道是这家企业又不需要招人了，才出此下策吗？

考官向应聘者解释道："各位都很出众，也很有才华，你们分析问题的水平也很高，我们对你们的表达能力也很满意。但是面试的题目有两道，你们都只回答了其中的一道。"

大家一脸的茫然，不知道他所说的另一道题目是什么。

考官继续说道："你们注意到了门旁有一把扫帚吗？它就是另一道题目。你们当中有的人从上面迈了过去，有的人直接把它踢到一边，谁也没有弯下腰把它扶起来。"

对于责任，不管你说得多么有道理，理解得多么深刻，都比不上认认真真做好一件小事来得实在，这更能体现你对责任的认识和理解。

这位考官的做法其实是很明智的，他挑剔的态度也是无可厚非的，因为如果一个员工没有责任感，任何一个领导都不会对他寄予厚望。在大是大非面前，也许没有多少人可以轻而易举地做出选择、接受考验。那就通过一些小事来观察你的员工是否真正有责任感吧，这种做法也可以成为考核员工的重要组成部分。

如果你现在是一家书店的营业员，你是否会主动把书架上的灰尘擦拭掉？如果你是公共汽车的一名司机，你是否会主动打扫车子，保持车内环境的干净？如果你是一家商场的服务员，你是否会主动为每一位顾客都送去一个温暖的微笑？

在我们看来，这些事情其实都不大，但正是这些小事才能显现出你的责任感和职业操守。

「 对组织忠诚，对职责负责 」

对职责负责是对组织忠诚的最好体现。这种意识和行为不仅能为组织带来效益，也能为自己带来成功。

乔治到这家钢铁公司工作还不到一个月，就发现很多炼铁的矿石并没有得到完全充分的冶炼，一些矿石中还残留着没有被冶炼的铁。如果这样下去的话，公司岂不是会损失的很大。于是，他找到了负责这项工作的工人，并说明了问题，这位工人说："如果技术有了问题，工程师一定会跟我说，现在还没有哪一位工程师向我说明这个问题，说明现在没有问题。"

乔治又找到了负责技术的工程师，对工程师说明了他看到了问题。工程师很自信地说："我们的技术是世界上一流的，怎么可能会有这样的问题。"工程师并没有把乔治说的看成是一个很大的问题，还暗自认为，一个刚刚毕业的大学生，能明白多少，不会是因为想博得别人的好感而表现自己吧。

但是乔治却认为这是个很大的问题，于是拿着没有冶炼好的矿石找到了公司负责技术的总工程师，对他说："先生，我认为这是一块没有冶炼好的矿石，您认为呢？"

总工程师看了一眼，说："没错，年轻人你说得对。哪来的矿石？"

乔治说："是我们公司的。"

"怎么会？我们公司的技术是一流的，怎么可能会有这样的问题？"总工程师很诧异。

"工程师也这么说，但事实确实如此。"乔治坚持道。

"看来是出问题了。怎么没有人向我反映？"总工程师有些生气了。

总工程师召集负责技术的工程师来到车间，果然发现了一些冶炼并不充分的矿石。经过检查发现，原来是监测机器的某个零件出现了问题，才导致了冶炼的不充分。

公司的总经理知道了这件事之后，不仅奖励了乔治，还晋升他为负责技术监督的工程师。总经理不无感慨地说："我们公司并不缺少工程师，但缺少的是负责任的工程师，这么多工程师就没有一个人发现问题，并且有人提出了问题，他们还不以为然，对于一个企业来讲，人才是重要的，但是更重要的是真正有责任感和忠诚于公司的人才。"

乔治一个刚刚毕业的大学生成为负责技术监督的工程师，可以说是一个飞跃，但是他能获得成功，就是来自于他的对公司的忠诚，他的忠诚让领导者认为可以对他委以重任。

如果你的领导让你去传达某一个命令或者指示，而你却发现这样做可能会大大影响公司利益，那么你一定要大胆地提出来，不必去想你的意见可能会让上司大为恼火或者就此冲撞了他。大胆地说出你的想法，让领导明白作为员工的你不是在刻板地执行他的命令，你一直都在斟酌考虑，考虑怎样做才能更好地维护公司的利益和他的利益。因为，没有哪一个领导会因为员工的责任和忠诚而批评或者责难。相反，领导会因为你的这种责任感而对你青睐有加。因为对职业的责任感会让你成为一个值得信赖的人，将会被委以重任。

「 把负责任变成一种习惯 」

一位多次受到公司嘉奖的人说："我因为责任感而多次受到公司的表扬和奖励，其实我觉得自己真的没做什么，我很感谢公司对我的鼓励，其实担当责任或者愿意负责并不是一件困难的事，如果你把它当作一种生活态度的话。"其实，在很多教育中，都有关于责任感的训练。注意生活中的细节，也有助于责任的养成。大家都说习惯成自然，如果责任感成为一种习惯时，也就慢慢成了一个人的生活态度，你就会自然而然地去做，而不是刻意去做。当一个人自然而然地做一件事情时，当然不会觉得麻烦和辛苦。

当你意识到责任在召唤你的时候，你就会随时为责任而放弃别的，而且你不会觉得这种放弃很不容易。

比如，对于承诺的信守，这就是你的责任。一旦你信守对他人做出的承诺，别人可能会对你守信承诺表示赞美，而你可能就不会欣然而喜，因为你觉得自己本该这么做，这是你的一种生活态度。

守时也是一个人最基本的责任。要知道，一个人不守时就等于在浪费自己和他人的生命，我们有能力承担这样的后果吗？在我们的生活中，总会遇到一些不守时的人，有的人对此不以为然，这也是他们的生活态度。

所以说，负责任是一种生活态度，不负责任也是一种生活态度。

身在职场，有责任遵守组织的一切规定。当你违背了组织的规定但却没有足够的理由时，形式上的惩罚并不能掩盖你对自身责任的漠视。

比如，你上班时迟到了五分钟，公司可能就扣掉了你当月的奖金，你很可能对公司的处理愤愤不平："不就迟到五分钟吗？有什么了不起的，也不会有多大影响。"其实，你仔细反思一下，若公司的每个人每天都迟到五分钟，那会怎么样？你违背了公司的规定，如果公司没有对你进行处罚，那么别人犯了同样的错该如何对待呢？如果都这样，公司的规定岂不是形同虚设？有人曾严厉地提出："一个没有制度规范的公司，根本不会有什么前途。"所以，遵守公司的规定是每一个员工必须遵守的责任，你的这种想法只能说明你没把自己的责任当回事。

当你已经习惯了别人替你承担责任，那么你将永远亏欠别人，你的腰板永远也不会挺直，所以，把责任作为一种生活态度是最好的。这样既不会觉得责任给自己带来压力，也不会因为自己承担责任而觉得别人欠了你什么。

尤其是当责任由生活态度成为工作态度时，工作对于自身的意义就不仅仅是赚钱那么简单了，也就不会因为公司的规定而觉得自己的自由受到了羁绊，更不会做出违背公司利益的事。

不要总是抱怨别人没有给你机会，有空的时候不妨仔细想一想，你是否能够在别人交给你任务时，漂亮地完成任务并且没有那么多的废话？你是否平时就给别人留下了一个能够承担责任勇于负责的印象？如果没有，你就别抱怨机会不来敲你的门。

当你少一些抱怨、少一些牢骚、少一些理由，多一分认真、多一分责任、多一分主动的时候，你再看看机会会不会来敲你的门。

第七章
匠心的年代，需要工匠精神

「 像瑞士手表一样精准 」

全世界的出口手表中，每十块就有七块来自瑞士。瑞士手表的计时十分精准，被称为世界上最准时的手表。为了保障手表的准时，制表商们采用不锈钢、铜、铝等材料生产的零件，精密度达到 0.002 毫米，相当于头发丝的 1/40，需要在显微镜下生产。最小的滚珠，每克原材料能做出 1000 多颗。

精准，是流淌在瑞士人血液里的特质。无须赘言，从瑞士手表、瑞士军刀到精密仪器，瑞士人将精准都体现得淋漓尽致。在瑞士，公交车、火车以及出租车等所有的公共交通在通常情况下都是准点的，而且站台的时刻表会清楚地标明每个小时第几分钟会来车。因为周末车次少，他们还会把周六、周日单独分成两列。只要提前规划好，你不用担心公车晚点，不用担心堵车迟到。据说，有一次某城市的火车因意外晚点了五分钟，火车公司在报纸上登了个很大的道歉声明。

苏珊·简·吉尔曼是一名美国作家，过去 11 年来，她一直住在日内瓦。她充满崇敬地回忆说："瑞士人做每件事都很守时，如果有人和我约定下午两点见面，他们绝对会在两点到，而不会是两点零五分或一点五十五。"有一次，吉尔曼预约了牙医，因为晚到了十分钟，就没法看了，又得重新约，而且她还被医生当成怪物一样看了半天,牙医很疑惑地说:"我从来没见过晚这么久的人呢。"如今的吉尔曼守时到近乎苛刻,"说什么时候到,就什么时候到,我非常尊重别人的时间。"她说,俨然一副瑞士人的口吻。

到底是先有准时的钟表,还是先有准时的瑞士人民?这很难说,但是结果都一样:这个国家的火车和一切事物真的一直都在准时运行。没有了时间的浪费,没有了精力的浪费,试问这样的效率是不是每个公司所向往的呢?试问在这样的效率下,经济能不飞速发展吗?人们能不安居乐业吗?

按时上班、按时赴约、按时参加会议等,守时是一个人的基本道德品质,更是员工在职场上立足的基本素养。然而,很多人在工作中做不到,他们经常挂在嘴上的是各种各样的借口:"不好意思,路上堵车了,我迟到了""今天睡过头了""我记错时间了"等等。诚然,谁也不能保证预料之外的情况发生,但是将时间观念置之脑后,对工作不守时既是对他人的不尊重,也是对工作的不负责任。

搭车不守时,公交车开走了,你不能顺利到达目的地,会很麻烦;约会不守时,会无端浪费别人的时间,这就会带给别人不好的印象;会议不守时,同样会浪费大家宝贵的时间,导致会议无法如期开展,工作效率低下。可见,一个人一旦不守时,很多事情就无法顺利完成,守时实在是太重要了!

对于那些有匠心精神的人来说,守时尤为重要,不少人把严守时间当作工作的座右铭。因为他们深知,"一寸光阴一寸金,寸金难买寸光阴",人生的每一分钟、每一秒钟都是极其宝贵的。他们之所以优秀,就归功于他们像瑞士手表一样精准,在工作上对时间的有效控制,从而变成了时间的主人。

30多岁的康妮经营着一家大型服装厂,开着宝马,住着别墅,俨然是众人眼中的女强人。更令人艳羡的是,她的生活十分有情调,经常和朋友们吃饭、喝茶、聊天,每年还会出国旅游一两次。每当人们说康妮命真好的时候,她都是微微一笑,然后摇摇头。因为她知道,今天幸福的生活不是自己命好,而是自己努力挣来的。她在有限的时间里做更多的事,所以赢得时间能够给予的一切。

曾经康妮在一家服装厂任部门主管,每天醒来就觉得工作的事情很烦乱,为此只要从早上睁开眼睛的那一刻起,她就会督促自己要马上行动起来。康妮坚持每天五点起床,她会花一个小时的时间阅读公司的邮件,接着查看新闻、进行锻炼、做早餐,并照顾好儿子。而且,所有这些事情都会在八点半之前完成。她每天都会把自己一天的工作安排好,什么时候一定要做什么事,并且一直严格要求自己。当别人还在做梦的时候,康妮已经克服朦胧的睡意,开始了一天的计划和行动,她每天都能把事情做到别人前面,因此她看上去总是那么从容惬意,自然处处受到欢迎和欣赏。

在工作期间,康妮常于下午四点在办公室召开会议。只要规定时间一到,她不管人是否到齐,便按时开会。有一次,康妮邀请手下的几位小组长一起开会,并且告诉他们,会议前半小时一起用餐。时间到了,那几位组长还未到,康妮便一个人大吃起来。等那几位组长来到后,她非常不客气地让助手将饭菜端了出去,说:"现在聚餐的时间过了,咱们开始研究事情吧。"就这样,这几位迟到的组长只好饿着肚子商讨事情,以后谁也不敢再迟到了,也开始学会珍惜时间。

后来,康妮意识到这份工作太没有挑战性了,虽然整天坐在宽大明亮的办公室,不用风吹雨淋,有大把大把的休闲时间,但相对地,赚钱少,升职机会小,发展难,不久康妮果断辞职,注册成立了一家服装公司。为了学会市场营销的基本常识,康妮在三天之内自学几十万字的材料,让自己在三天之内从一个门外汉变成一个行家;为了多争取一个客户,她骑着电动车,走街串巷,一家一家地叩开了各个服装店的大门;为了签下一个大订单,她过春节时自己一个人在他乡,冒着被偷被抢的风险,租住在偏僻的城中村……康妮的栉风沐雨很快换来了回报,早早走上人生巅峰。

为什么康妮能早早获得让无数女人望尘莫及的荣耀？正是因为她在最短的时间内不断付出行动，让自己的每一刻时间都精准，都有价值。正如康妮自己所说："年轻时就要争分夺秒去拼搏，我对每一件事都会告诉自己立刻去做，很快我就发现，我的每一天都充满了行动力和活力。"

时间就是生命，时间就是金钱，对别人的时间表示尊重，也就是对别人的生命表示尊重。这样的人，自然容易得到别人的好感和信赖，赢得更多成功的机会。

「 行走在通向完美的路上 」

胡适先生曾经写过一篇传记题材的寓言《差不多先生传》，讽刺了当时社会上做事不认真负责的人。故事中的主人公常常说："凡事只要差不多，就好了。"

小时候，妈妈让差不多先生买红糖，他却买回了白糖，并且说："红糖白糖不是差不多吗？"上学的时候，先生问他："直隶省的西边是哪一省？"他说是陕西。先生说："错了。是山西，不是陕西。"他说："陕西同山西，不是差不多吗？"在做伙计记账的时候，他常把"十"字当成"千"字，掌柜的常常责骂他，他却笑嘻嘻地说："千字比十字只多一小撇，不是差不多吗？"……最后，他得了重病，家人跟他一样，把兽医王大夫当成给人治病的"汪大夫"，最后他活活被治死啦！

当我们读到这个故事时，都会觉得这个"差不多先生"实在荒唐可笑。

可在实际工作中，却有很多这样的"差不多先生"。这些人每天准时上班、准时下班，但是却只是应付差事，做事总是觉得差不多就好，不能严格按照工作标准来完成工作，做事不到位、不精细，最后什么工作也做不好。

我们来看下面的例子：

苏珊在一家贸易公司做秘书，一次公司的采购到东北一家小麦产区采购小麦，产家负责人给出的价格是一吨小麦1000元，采购拿不定主意，于是给公司老板发电子邮件问："小麦每吨1000元，价格高不高？买不买？"老板调查了一下市场价格，对苏珊说："哪有这么高的价格，现在最高的价格也不到900元，通知采购员，不行，就说价格太高！"于是，苏珊赶紧给采购发了一封电子邮件。

没过几天，采购带着签订的购销合同回来了，老板莫名其妙，追查原因才知道，苏珊发的邮件本应该是"不，太高"，但她却发了"不太高"，在"不"字的后面少了个逗号，采购以为价格不高，于是便和产家签好了合同。如果履行合同势必给公司带来100多万的经济损失，后来经过多次协商赔偿了对方10万元才算了事。当然，苏珊不仅挨了领导批评，还被公司辞退了。

"不太高"和"不，太高"不是差不多吗？可意思却相差十万八千里。

这里有一组数据，可以让那些认为"差不多"的员工大吃一惊。在美国，如果99%就够好的话，那么，每年大约会有11.45万双不成对的鞋被船运走；每年大约会有25077份文件被美国国家税务局弄错或弄丢；每天大约将有3056份《华尔街日报》内容残缺不全；每天大约会有12个新生儿被错交到其他婴儿的父母手中；每天大约会有两架飞机在降落到芝加哥奥哈拉机场时，安全得不到保障……

不论是个人还是企业，如果满足于99%的工作成绩，那么就会把自己放在一个看似很美好，实际上却很危险的境地里，因为那一个被忽略的

1%，也许正是压垮骆驼的最后一根稻草。只有不满足于99%，才是真正对工作负责任，才能激发出更大的潜力，最终使自己获得丰厚的回报。

价值型员工与普通员工的一个重要区别就是，在价值型员工的字典里，从来没有"差不多"的说法，对于他们来说，无论做任何事情，哪怕差一分一毫，都和没有做到无异。他们不会有任何的轻率疏忽，不会满足于做到八九分，而是力求达到最佳境地，努力做到十分、做到完美、做到极致。

世界上没有完人，也没有完美无缺的工作，我们并不否认，在一些事情上，没必要花费百分之百的心血也可以完成，甚至也会让领导满意。可是你要知道，追求完美是一种重要的工匠精神。艺术家在创作的时候，总是不断追求完美，不断修改自己的作品，直到达到心中完美的要求，最终也借此成就自我。

一天，法国著名雕刻家罗丹邀请挚友——奥地利作家斯蒂芬·茨威格到他家做客。在一间简朴的大屋子中，罗丹热情地向斯蒂芬介绍自己的作品，有已经完成的雕像，有刚刚完成大概轮廓的雕像，还有一些人体局部的雕像，比如一只胳膊、一只手、一只手指，等等。在这间工作室中，斯蒂芬看到了罗丹对于雕塑的热情和对于艺术创作的追求。

之后，罗丹带着斯蒂芬来到一个台架前，并且兴奋地说："这是我最近完成的作品，我相信你一定认为它是完美的艺术品。"说完，他将盖在雕像上的湿布揭开，一座姿态优美、惟妙惟肖的女人雕像立即出现在他们面前。

罗丹绘声绘色地介绍这座雕像，突然他停顿了下来，对斯蒂芬说："这肩上的线条有些粗糙。不好意思，请你稍等一下。"于是，罗丹立即拿起刮刀、木刀片轻轻划过软软的黏土，给肌肉一种更柔美的光泽。他健壮的手动起来了，他的眼睛闪耀着智慧的光芒。随着一块块黏土的掉落，雕塑变得越来越生动。

"还有这里也需要修改，还有这里……"罗丹把台架转过来，又修改了一下。他捏好小块的黏土，粘在塑像身上，又刮开一些。他完全陷入了创作之中。罗丹的动作越来越有力，情绪更为激动，如醉如痴，他没有再同茨威格说过一句话。

就这样，过去了一个小时，两个小时……最后，罗丹看着这座完美的雕像，脸上充满了欣慰的微笑，才舒坦地扔下刮刀。当他转过身时，看到了茨威格才想起自己正在会见客人。他不好意思地说："太对不起了，我完全把你忘记了，可是你知道我必须确保我的每一件作品的完美。"

无疑，正是对完美的执着追求，成就了这位伟大的艺术家。

工作的过程也是一个创作的过程，和艺术家创作的时候一样，都需要一种精益求精的精神。追求完美是一个坚持不懈的过程，对工作精益求精，时刻想着把工作做到完美。当我们每改掉工作中的不足时，当我们每一次进步的时候，之后的改变就是完美的，自然自身的能力、价值也会得以提升。

「 比最好再好一点 」

99分、100分和101分之间，从量上看相差微小，在质上看何止天渊。99分实际值是−1分，100分实际值是0分，101分实际值是1分。过去的时代，同一个行业可以有很多种存在。今天，互联网时代，要么全输了，要么全赢。过去，我们做的是满意度调查。而现今我们追求的是"尖叫值"，尖叫值的标准要远远超过满意度。

那么，如何实现尖叫值？那就是坚持没有最好，只有更好。

每个人的职责有所差别，也会有不同的成就，但一个具备匠心精神的员工，任何时候都决不会满足于做到最好，他们追求的是——要做到更好。

最好，从一定程度上已经算是合格了。但如果站在另外一个角度来看，不管是"最好"还是"更好"都是相对的，都局限在一定的范围内。而在更大的范围里，会有更多的"更好"，和这些"更好"相比，"最好"也会逊色的。

别以为做到"更好"很难办，事实上它非常简单，当你建立了"更好"的理想，必然要求自己做得比别人更完美，在工作中不断地精益求精，这就充分调动起了你的智慧和力量，促使你不断地学习专业知识，不断地拓宽自己的知识面。这时候，你本身就比别人"更好"了，就与普通人区别开来了。

胡明刚刚进入一家业内知名的广告公司，便接到了策划总监交代的一项任务——为一家知名的IT厂商做一个新品发布会的策划方案。毕业于名牌大学，有着丰富策划经验的胡明自认为才华横溢，轻轻松松地仅用一天时间就把方案做完了。但是，当他发电子版方案给策划总监看的时候，谁知策划总监看都没看方案，却问他一个问题："在你看来，这是你所能做的最好的方案了吗？能不能更好些呢？""或许我可以再改进一点，我想如果再做些改进的话，应该会更好。"胡明想了一下，小声地回答道，于是策划总监给了他一个"重做一份"的答复。

这一次，胡明稍微认真了一些，用了两天的时间重新起草了一份方案，这次他觉得方案做得还可以。然而，这次策划总监依然没有看方案，而是继续问了同样的问题："在你看来，这是你所能做的最好的方案了吗？能不能更好些呢？"胡明听了策划总监的话，顿时一怔，没敢回答。策划总监笑了笑，随即轻轻地把方案退给了胡明。胡明默默地走出了策划总监的办公室，这一次他下定决心一定要努力将方案做得更好。

一个星期之后，胡明彻底地将策划方案认真完善，做到了毫无纰漏。当策划总监看到这个方案的时候，依然问了那句话："在你看来，这是你能做的最好的方案吗？能不能更好些呢？"这一次，胡明毫不犹豫地回答道："是的，我认为这是最好的方案，比之前的都更好。"说完，只见策划总监点点头，说道："好，这个方案通过。"

策划总监并没有直接告诉胡明他应该做什么，而是通过"能不能更好些呢？"这种严格的要求来训练下属必须尽最大努力做到更好。显然，这样精益求精的工作态度不仅是对企业负责，也是对员工自身负责。想必那位总监之所以能做到高位，应该和他这种严谨的工作风格是分不开的。

没有最好，只有更好。工作就是这样，不讨厌精，不讨厌细，只有不断提高的标准，永远没有绝对的好。匠心就是持续地做、系统地做、坚定不移地做，把某件事情做到极致。我们也只有在持续不断倾注心血的过程中，才能发现问题，或者发现解决问题的办法，最终成长为公司不可或缺的价值型员工。

「 不满足于尽力，要竭尽全力 」

相信很多人对这样一些现象感到困惑——为什么同样一件事，别人做得好，自己却怎么努力都做不好呢？为什么自己那么辛苦，工作多年依然默默无闻、毫无建树，有的人却成为佼佼者，不停地创造着奇迹……于是，有些人便开始抱怨自己的命不好，羡慕别的人比自己运气好。

真是这样吗？我们先来看一则故事：

第二次世界大战期间，欧洲第二战场还没有开辟的时候，有一队美国士兵将要被派到德国去做间谍。因为盟军部队不能接近德国领土，送他们去的飞机只能在天上把他们空投下去。在出发前的一个月，长官告诉他们这一个月里必须要学会德语。一个月之后，不论他们有没有学会，都得出发。

当时这些士兵都还不会说德语，回答长官说："我们一定尽力学会。"

"不，"长官严肃地说，"如果你们的德语学不好，说得不像，一旦你跳下飞机开口说话，德国人就会把你们分辨出来，你们很可能就会没命了。"

学不学得会德语，立刻成为生死攸关的大事，为此，士兵们不得不严肃对待，他们开始竭尽全力地日夜苦学。一个月后，几乎人人都能说一口地道的德语，有的士兵甚至连口音和语调都非常像德国人。

凡事仅仅做到尽力而为还远远不够，必须做到竭尽全力才行。

很多人可能要问，尽力而为和竭尽全力有什么不同呢？这就涉及潜力，每个人都有无限的潜力，但大多数人只发挥了不到10%，剩下90%以上的潜力被深藏起来，这是尽力而为的结果。而竭尽全力则是全身心地投入，使出浑身解数，力求达到最佳境地，丝毫不会放松，丝毫不会轻率，如此便能有效激发剩余的潜力，进而完美地完成工作，甚至是原本不可能完成的工作。

每个人都有无限潜能，人才都是被逼出来的。

素素是一位20多岁的女孩，她仗着家庭环境上的优越，对待工作漫不经心，每天得过且过，而且挥金如土。后来，她父亲遭遇了生意的变故，母亲也生了重病，家境一落千丈。没有了父母的支持，素素过得很狼狈，经常借钱度日，这时她才悔不当初。素素原本做办公室文员，朝九晚五，风不吹日不晒，但为了能挣到更多的钱，改变家里的经济现状，她只好转行做销售，四处奔波。

哭的时候没人哄，素素学会了坚强；怕的时候没人陪，她学会了勇敢；累的时候没人可以依靠，她学会了自立。素素全力以赴地努力工作，渐渐地她的工作能力越来越强，收入也水涨船高，更重要的是，她找到了自我，发现原来自己可以如此优秀。

人是被逼出来的，只有有压力才会有动力。

换句话说，任何人不论才智的高低，背景的好坏，也不论愿望多么地难以企及，都要全力以赴，竭尽全力。你或许会疲惫不堪，或许会伤痕累累，但这能开发自己的潜力，逼着自己出类拔萃、逼着自己走向成功彼岸，你的个人价值会越来越高！

不要再以"我尽力了，结果不理想"的借口敷衍自己，你想要具有出类拔萃的表现，那就竭尽全力去做事；你想获得称心如意的生活，那就竭尽全力去拼搏……被动的命运并非不可逆转，毫不犹豫地去除自己的惰性，对工作全力以赴、精益求精，你离掌控自己的人生也就不远了。

「 简单的事情用心做，你就是专家 」

每个人都希望自己是职场中的精英，商场上的英雄，但并不是每个人都能如愿以偿。在不少人看来，我们每天上班所做的工作也许就是周而复始地重复着做一个动作，重复着说一句话，重复着办一件事，重复着走一条路，做的也许在别人眼里是既简单又容易的事，再怎么努力也无济于事。

殊不知，把简单的事情做好就是不简单，把容易的事情做好就是不容易。

过去，人们学手艺、学做生意，都有一项不成文的规定，一开始都是从打杂跑腿的工作做起。没有人喜欢做这样简单而枯燥的工作，而师父之所以规定学徒从扫地、擦桌子等简单小事做起，其用意在于磨掉新人的傲气和散漫，培养他们的匠心精神，这样才能为以后成大业打下良好的基础。

同理，一个公司有各种各样的事情，公司交给你的最简单的事情都是给你的机会，都是对你的器重，对你的考验，将这些事情做好了，你展示了自己的才能，迟早也会受到重用的。试想，如果一个人连那些简简单单的事情都没办法做好，那么领导怎么放心让你做重要的事情呢？

薛洋是一个影视工作室的后期剪辑实习生，他刚大学毕业，去公司不到几天，他就发现公司里都是一些在后期剪辑方面已经做了七八年的行家，他想，自己在这种高手如云的地方一定能学到很多东西，毕竟近水楼台先得月嘛！进公司的时候薛洋就知道公司一定是从最基础的东西让他做起，但是却没想到基础得让他大跌眼镜。主管居然让他天天就端茶送水，而且一送就送了几个星期。

薛洋心里非常不平衡，但是自己是来学习的，虽然天天在做跑腿的事，但是相对于刚来时大家对自己冷冰冰的态度，现在因为自己满脸堆笑地送水送咖啡，大家已经开始慢慢真心地接受他了。这也是一个磨炼自己的机会，一个连水都送不好的人能干什么呢？在这种心态下，薛洋送水送得更真心诚意了，不但及时地送水换水，还把饮水机和办公室打扫得干干净净，从来没有在脸上表现出丝毫的不耐烦和抱怨。

一些好心人经常劝薛洋，说你真傻，得学学其他人，多与领导搞好关系，天天端茶送水能有什么发展，薛洋总是憨厚地笑笑。几个星期之后，公司领导觉得薛洋工作态度非常好，不久就开始让他剪一些简单的片子。不管多么简单的片子，薛洋都会认真地剪辑，力求最好，这慢慢成了他的做事风格，领导自然对他特别欣赏，遇到培训、学习什么的都会尽可能安排薛洋参加，他成长得非常快。

很简单的事情，用心去做，就能做出不一样的效果。所以，不要总是一天到晚不停地抱怨公司不给自己机会，领导对自己的重视不够，更不要对简单易做的事情不重视，甚至因为太简单、太容易，而不屑用心去做，敷衍了事。要主动调整好自己的心态，即使最简单的事情，也要做到最好。

越是平凡的工作越能考验一个人对待工作的忠诚度，越是简单的工作往往越能考察一个人的责任感。事实上，世上的难事都是由简单事组成的，所有成功的人一定是坚持做简单的事，日复一日，年复一年，始终努力，取得成功。把最简单的事情做好就是最不简单，但往往简单的事情是最不容易做好的。

海尔集团首席执行官张瑞敏曾说过这样一番话：如果让一个日本人每天擦六遍桌子，他一定会始终如一地做下去；而如果是一个中国人，一开始他会按要求擦六遍，慢慢地他就会觉得一遍、两遍也可以，最后索性不擦了。中国人做事的最大毛病是工作不认真、不到位，天长日久就成为落后的顽症。这番话道出了职场上那些失败者失败的原因，值得我们职场上的每一个人警醒。

把毫不起眼的事情做到极致，就是伟大，而机遇之门也随之敞开。所以，不管是一个想要成功升职的员工也好，还是一个想要不断发展的企业老板也好，最重要的是将重复的、简单的日常工作做精细、做专业，并恒久地坚持下去，做到位、做扎实。如此，你就是不简单也不平凡的成功者了。

「一辈子做好一件事，就是了不起」

一个人一生可做的事情很多，如今不少人都有这样的想法，自己最好身怀十八般技艺，头顶三四个职务或者身兼五六个身份，甚至恨不得将自己分成几份，分别扔进不同专业的领地里去占个地盘。这样的人看似聪明无比，却不知做事杂乱无章，内心居无定所，最后往往所获有限，甚至导致身心崩溃。

你看过这样一则寓言故事吗？

一名游客穿越森林时把手表丢下了，后来被一只猴子捡到。这只聪明的猴子很快就搞清楚了这个"战利品"的用途，掌控了整个猴群的作息时间，并凭此成为了猴王。猴子相信是手表给自己带来了好运，于是它每天在森林中寻找，希望得到更多的手表。功夫不负有心人，它终于又找到了第二块，乃至第三块手表。但出乎意料的是，当面对三块手表时这只猴子反而有了麻烦和痛苦。原来，由于某种原因，每块手表所显示的时间并不是分秒不差的。如此一来，猴子根本不能确定哪块手表上显示的时间是正确的，整个猴群的作息时间也变得一塌糊涂，以致它的威望大降。

拥有一块手表可以准确地知道时间，但当面对两块甚至更多块手表时，反而迷失了时间，带来了无尽的烦恼和痛苦。可见，一个人的精力、时间等资源永远是有限的，以有限资源追逐更多目标，恐怕没有一个方面能取得让自己满意的成绩，这实在不是明智的选择。

怎么改变这一切呢？听听比尔·盖茨的建议吧，他说："如果你想同时坐两把椅子，就会掉到两把椅子之间的地上。我之所以取得了成功，是因为我一生只选定了一把椅子。在人生道路上，你应该选定一把椅子。"的确，因为选择了IT事业，他毅然放弃了哈佛学业，放弃了父母提供的优越工作……

回想一下，你是否每天都在忙碌，却又不知道自己真正在忙什么？这时候，你该好好思考一下，你是否为自己准备了两把"椅子"，甚至是多把"椅子"，贪心地什么都想要，想做的事太多或太杂了。如果你足够聪明，就应该学会选择；如果你足够勇敢，就应该学会舍弃，一辈子做好一件事。

人生真正有价值的东西在于质量而不是数量，成功其实不是什么难事儿，最重要的就是你要能够收住心，专心于一件事情。这样，所有的努力才能形成合力，才能达到常人无法企及的高度，现实中这样的例子举不胜举。

约瑟夫·雷杜德是法国的一名著名画家，他出身于一个绘画世家，他的爷爷是画家，父亲是画家，所以他在很小的时候便开始学作画，而且他只做了一件事：画玫瑰，画玫瑰的根茎、叶子、花朵、果实等。父亲并不看好雷杜德画玫瑰，他认为人们只爱看圣徒和英雄，没人会付钱给画玫瑰的画家。

但是，雷杜德却挖空心思地研究玫瑰，耐心地画着一朵又一朵玫瑰。整整20年，雷杜德记录了169种玫瑰的姿容，花朵神采各异，颜色淡雅，色泽过渡自然，最终玫瑰成了他的巅峰之作，无人逾越。雷杜德也被称作"花卉画中的拉斐尔""玫瑰大师""玫瑰绘画之父"。

我们再来翻翻《财富》世界500强企业的简历，物流快递类第一名是UPS公司，UPS发展到今天一直坚持着一件事——用最快的速度把包裹送到客户手中，UPS就把业务做到了全世界；世界第一强、零售业的老大——沃尔玛自始至终只做零售，钱再多都不买地，从不去做房地产，只走一条路；沃伦·巴菲特专做股票，很快做到了亿万富翁；乔治·索罗斯一心搞对冲基金，结果成了金融大鳄……

这些例子再一次为我们提供了有力佐证：成为价值型的员工不是什么难事，重要的是在面临人生的岔路时，要勇敢做出取舍，选定一把"椅子"。聚焦、聚焦、再聚焦，专注、专注、再专注。一个人一辈子做好一件事，就是了不起。如果你用十年只做这一件事情，想想看下一个世界第一会是谁？

「 越是无功利，越容易梦想成真 」

我们在职场上要经过许多关口，其中名利关是最为狭长和难过的。在名利的关口前，人们的态度大致有两种：一种是恣意追逐，一种是淡泊对待。不同的反应表达了不同的做人本色、价值取向，等等。

追名逐利者，其人生的价值观、利益观都驻足于如何获取更高的位子、更大的房子、更好的车子和更多的票子上，他们衡量自己一生是否成功与显赫的砝码是功、名、利、禄……在职场上，不乏这样一些人为了追名逐利绞尽脑汁、处处钻营，有些人甚至不择手段。

很多人醉心于名利，终其一生都在苦苦寻觅，却很少得到名利。有些人不求名利，只认真做自己在做的事情，结果名利却反过来"追求"他。可见，一个有志成大事的人，一定得抵制名利的诱惑，坚定做事的决心，知道自己究竟是为了什么在奋斗，这样就能全身心地投入，将事情做到极致。

我们常说无欲则刚，"无欲"是前提，"刚"则是结果。从字面上的理解：没有欲望，你就是一块钢。言下之意——在物欲横流的世界里，如果一个人能警策和把握住自己，拥有一份追求纯粹的美好和朴质的情怀，那么你就像一块钢板一样刚强密实，无懈可击，进而实现自我价值。

有一位诗人为了追求心灵的满足，寻找写诗的灵感，不断地从一个地方到另一个地方。他的一生都是在路上，在各种交通工具和旅馆中度过的。当然，这也并不是说他没有能力为自己买一座房子，这只是他选择的一种生活方式。在他看来，不为非分之欲所迷惑，清心寡欲，生活才有诗意的可能。

后来，由于诗人在文学艺术上做出了巨大的贡献，有关部门给他免费提供了一所住宅，并决定聘用他为文化部的干部——但是，诗人拒绝了，他说："如果我接受那些外在的房子、物质等，不仅要为之耗费精力，还很可能受到诱惑，杂念和烦恼自然也就会束缚我的内心，同时也束缚了我的生活。"

就这样，这位独行的诗人，在旅馆和路途中度过了自己的一生。诗人死后，朋友在为其整理遗物时发现，他一生的物质财富就是一个简单的行囊，行囊里是供写作用的纸笔和简单的衣物，以及十卷极为优美的诗歌和随笔作品。

这位诗人正是因放下了过多的欲望，使杂念和烦恼无安身之地，使内心一直处于平静状态，这不仅可以使他全身心地写诗，而且还丰富了自己的精神生活，最终将事业进展得更为顺利，为文学界做出了巨大贡献。

淡泊名利者，并非没有功名利禄之心，但他们更有一种安贫乐道、不求闻达、格高致远的精神，这种行为来自内心的热爱，源于灵魂的本真，不图名、不为利，只是单纯地想把一件事情做好。毋庸置疑，这是一种纯粹高尚的、脱离了低级趣味的匠人精神，这样的人更受人青睐、尊重和推崇。

「 匠人不在意质疑，只在乎专心做事 」

院子里，一群青蛙正在一个高高的葡萄架下激烈地讨论，它们决定组织一场攀爬比赛，看谁能最先爬到架顶。有十几个青蛙报名参加比赛，比赛很快开始了。剩下的青蛙们围着葡萄架看比赛，它们一边给那十几只雄心勃勃的青蛙加油，一边窃窃私语："哎呀，这太难了！没有谁能爬上去的！"

"是啊，可能会掉下来摔死！"望着高高的葡萄架，青蛙纷纷摇头。

听到这些"泄气"的话，一只接一只的青蛙开始败下阵来，退出了比赛。最后，只剩下一只最小的青蛙正一声不吭地慢慢往上爬着，它仿佛要使出全身的劲一样。在众青蛙的注视下，这只青蛙终于成为了唯一一只到达葡萄架顶的胜利者。颁奖的时候，大家问这只青蛙哪来那么大的力气爬上葡萄架顶？这只青蛙什么都不说，只是微笑地看着大家。原来，它什么都听不见，是一个聋子！

总是有一些时刻，自己所做的事情不被别人理解，当自己的梦想被告知是白日做梦的时候，当自己的努力被贬低得一文不值的时候，请千万不要因为他人质疑的眼光而游移不定，不要陷于别人给自己的评论之中，也不要因为别人的一句话、一个眼神等影响到自己,轻易地放弃或者怀疑自己的人生。

毕竟,人最终依靠的不是别人,而是自己。

约翰从小跟着父亲长大,他的父亲是一个马戏团的工作人员。在很小的时候,约翰就只能跟着父亲东奔西跑,不停地更换学校。在一所学校的作文课上,老师给出的题目是描写自己长大后的理想。小约翰十分地兴奋,他洋洋洒洒写了七张纸,描述他的宏大志愿,那就是想拥有一座属于自己的牧马农场。为了让这一切看起来更加的真实,小约翰甚至仔细画了一张200亩农场的设计图,上面标有马厩、跑道等的位置,然后在这一大片农场中央,还要建造一栋占地400平方英尺的豪华别墅。

约翰花费了很长的时间来完成这个作业,将作业交给了老师。原本期望得到老师表扬的小约翰将自己的作业本拿回以后大吃了一惊。在作业本的第一面上,老师打了一个又红又大的F,旁边还写了一行字:"下课后来见我。"心中充满疑惑的他下课后带了报告去找老师:"为什么给我不及格?"老师回答道:"你现在还很年轻,不要老做白日梦。你没钱也没有显赫的家庭背景,什么都没有。要知道,盖座农场可是一个花钱的大工程,你需要花钱买地、花钱买纯种马匹、花钱照顾它们。"老师然后接着又说:"如果这次你肯重写一个靠谱的志愿,我会给你打你想要的分数。"

小男孩回家后反复思量了好几次,然后向自己的父亲征求意见。父亲只是告诉他:"儿子,这是非常重要的决定,你必须自己拿主意。"再三考虑几天后,他决定原稿交回,一个字都不改,他告诉老师:"即使不及格,我也不愿放弃梦想。"

几十年后,这位老师收到一份来自农庄的邀请函,而农庄的主人就是曾经的小男孩约翰。

人最难对付的就是自己,最强大的也是自己的内心!世上没有任何一种东西可以让所有人都满意，在我们的工作、生活中，被别人指指点点，甚至被完全否认的事情早就已经见怪不怪了。一个员工要想提升自我价值，做自己想做的事，认准了的事就不要轻易更改，义无反顾地去做就对了。

这里有这样一个故事，颇有启迪性：

他是英国一位年轻的建筑设计师，除了年轻，他一无所有，但承蒙幸运女神的眷顾，他有幸参与了温泽市政府大厅的设计。他对这一份工作很是上心，先后设计了多种方案，希望拿出最完美的设计。最后，他运用工程力学知识，并依据自己的工作实践，很巧妙地设计了只用一根柱子支撑大厅天花板的方案。经过一年多的施工，大厅终于建好了，看起来十分完美。然而，当时许多参与人员对这一根支柱提出了异议，他们认为用一根柱子支撑天花板太危险了，要求再多加几根柱子。

面对众人的质疑，这位年轻的设计师持一种反对态度，他相信自己的设计是万无一失的，这一根柱子足以保证大厅的稳固。他将相关数据和事例详细地列举了出来，并一一分析给大家看。可是，人们从未见过这样的设计，他们都认为这样不合理。但年轻的设计师拒绝了大家的建议，他的固执惹恼了人们，险些被送上法庭。在万不得已的情况下，他只好在大厅四周增加了四根柱子。之后，这座市政府大厅矗立了300多年，市政府的工作人员换了一茬又一茬，市政大厅坚固如初。

直到20世纪后期，市政府准备修缮大厅的天顶时，发现了一个令所有人无比惊讶的事。原来，当初添加的那四根柱子全部都没有接触天花板，而是与天花板间相隔了无法察觉的两毫米。这位年轻的设计师就是克里斯托·莱伊恩，事后人们在他的日记里发现了这样一段话："我很自信，自己设计的合理性。至少100年后，当面对这根柱子时，你们会哑口无言的。我要说明的是，你们看到的不是什么奇迹，而是我对自信的一点坚持。"

一件事仁者见仁，智者见智，你到底听谁的？还是要听自己的。

克里斯托·莱伊恩成功了，他在最艰难的时候，告诉自己，不管多少人质疑自己的做法，都要肯定自己，相信自己。拥有自己的见解，坚守自己的观点，会使我们的内心产生一种不可撼动的信念力量。一个人，有了这种感觉，遇事就不会左右顾盼，畏首畏尾，才有可能让自己出类拔萃。

俗话说"众口铄金，积毁销骨"，能在无数人的质疑中肯定自我的人是超级自信的人，是具有大智慧的人，也是能走向成功的人。

面对工作中的种种问题时，我们需要的也是如此。为此，你不妨时常问问自己："我是怎么想的？""我这样做对吗？"关注自己内心的想法，不管别人肯不肯定，不管别人赞不赞同，不管别人认不认可，只要你相信自己的选择，就义无反顾地去做吧，相信你会看见成功就在不远处。

第八章
巧干胜蛮干，有头脑地做事

「 打倒我们的不是问题，是恐惧 」

面对问题，我们难免恐惧，这是很自然的事情。面对问题，我们的心中总是充满各种疑惑。问题的里面究竟是什么？我们不知道，一切都是未知的。未知总是会带给人不确定感、不安全感，于是，内心的恐惧便油然而生。

我们所感觉到的"危险"和"恐惧"，往往是预先设置的、被歪曲的。预设的恐惧会扭曲事实真相，但事情绝对没有想象的那样严重。问题的严重性往往是被我们自己放大的，事情的困难程度也是如此。

在工作中，问题就像山一样摆在你面前，要克服它似乎完全不可能。于是，一种说不出的恐惧不招自来。为了不让人们对未解决的问题产生恐惧感，美国的某科研部门想出了一个办法。

20 世纪 50 年代初，美国某军事科研部门着手研制一种高频放大管。科技人员都被高频率放大管能不能使用玻璃管的问题难住了，因而研制工作迟迟没有进展。后来，由发明家贝利负责的研制小组承担了这一任务。上级主管部门在给贝利小组布置这一任务时，鉴于以往的研制情况，同时还下达了一个指示：不许查阅有关书籍。

经过贝利小组的共同努力，终于制成了一种高达 1000 个计算单位的高频放大管。在完成了任务以后，研制小组的科技人员都想弄明白，为什么上级要下达不准查书的指示？

于是他们查阅了有关书籍，结果让他们大吃一惊，原来书上明明白白地写着：如果采用玻璃管，高频放大的极限频率是 25 个计算单位。"25"与"1000"，这个差距太大了！

后来，贝利对此发表感想说："如果我们当时查了书，一定会对研制这样的高频放大管产生畏惧，就会没有信心和勇气去研制了。"

由这个故事我们可以看出，真正的问题并不是问题本身，而是我们对问题的畏惧。看待问题时，我们不能将其放大。

有那么句话："无知才能无畏"，有些时候，我们真的不能被以往的知识绑住手脚，被过去的经验所难住。

工作中，我们经常犯这样的错误：还没有真正与问题接触，就将其无端放大，以至于很快心生恐惧、企图逃避，最终将自己打败。实际上，问题绝大多数时候并不如我们想象的那样严重，只要我们撕破畏惧的面纱，就能很好地解决它。

畏惧是人性中勇敢品质的"腐蚀剂"，只有在生命中注入勇气，扫除畏惧心理，才能帮助你斩断阻碍你前进的蔓草和荆棘。

无论有多么棘手的问题挡在你前进的道路上，你都不应感到畏惧。而应该用积极的心态迎接它，用智慧的办法寻找解决之道。

鲁迅先生说过："踏上人生的旅途吧。前途很远，也很暗。然而不要怕，不怕的人面前才有路。"

「 越早发现问题，越快改正进步 」

发现问题是解决问题的前提。一个优秀的员工最重要的工作就是要充分发挥自己的智慧，努力发现工作当中的问题——如果一个员工连问题都发现不了，又何谈解决问题呢？事实证明，只有发现了问题之后才有可能正确地分析问题，进而解决问题。善于发现问题是在工作中解决问题的重要环节。

尽管并不是所有的工作对于我们来讲都非常困难，但是只要我们用心，就一定能够找到更为简单有效的方法。而且最直接最有效的方法就是先正确地找出工作当中所存在的问题——人们只有在遇到问题的时候才能够发挥自己的聪明智慧，去细致地分析现实状况，去努力改进工作中的不足。许多企业的管理层都认为，发现问题甚至比解决问题更重要。

有一次，美国福特汽车公司有一台巨型发电机出现故障，不能正常工作。公司内部的很多资深技术员看了很久都没能排除故障。他们只好邀请了德国最著名的技术专家来解决这一难题。这位专家来到福特公司后，整整两个昼夜都坐在机器的旁边观察，并且仔细地检查机器的各种零部件，有时还会听听机器某个部位的声音。最终他只在机器的最上面画了一条白线，然后告诉修理工人，把机器顶上的盖子打开，画线地方的线圈应该要绕20圈，而现在仅仅绕了19圈。于是，人们照办了，机器又重新运转了起来。虽然机器的问题很简单，但是这位德国专家却索要1万美元的报酬。当时大部分技术人员都认为这个价格太昂贵了，因为这个机器并没有出多大的毛病，而且问题非常简单，处理起来也很容易。

可是福特的老总却不这样认为，他说，正是这位德国专家发现了问题，所以才有可能排除机器故障，公司也才能正常工作，不然很多事情都会被搁置起来，损失会更大。

当福特的老总把德国专家送走后，他又做出了一个惊人的决定：开除负责这个机器的两名技术员中的一名，因为是他的粗心大意——仅仅少绕了一圈线，而使得公司损失了1万美金和半个月的宝贵时间。当时这个技术员非常不服气，并且找到福特的老总辩解道："机器的线圈并不是由我亲自完成的，还有一个技术员。他也参加了机器的安装工作，你为什么不辞退他，而仅仅辞退了我。"

福特的老总笑呵呵地回答道："正是他第一个发现了机器的故障，而你，却没有！"

美国钢铁大王卡内基说过：大凡能够为人类事业做出贡献的人，在他们的思想中装着的尽是"问题"。他们的思维是不会清闲的，旧的问题解决完后，新的问题又接踵而至。

一个不善于发现问题的人，思维将是迟钝的，工作起来也不会灵活处事。而在问题面前睁一只眼闭一只眼，明哲保身，但求无过的人也不会得到企业的重用和青睐。所以，在工作中，要了解自己的工作，并多问几个为什么：我们每天的工作要朝着什么方向发展？我们每天都具体在做什么？工作进行得怎么样？自己工作的进度对于企业有什么影响？要时刻保持清醒的头脑和活跃的思维，让问题能够及时发现与解决。

「麻烦就是机会」

机会从不青睐没有准备的人。不要抱怨没有机会。如果你真想获得机会，先问问自己是否存在尚未解决的问题。如果有，恭喜你，你的机会来了，抓住它！如果一个员工从来没有发现过工作中的问题，那么他也不会成为一名出类拔萃的员工。

有一些人习惯用"放大镜"看自己公司的缺点，用"望远镜"看别的公司的优点。当工作遇到问题的时候，他们不是束手无策，就是沮丧消极。他们忽略了一个重要问题：公司的问题是转变命运的机会，更是提升能力的大好机会。

加藤信三是日本狮王牙刷公司的普通职员。当时，公司正陷入困境，产品一直打不开市场，作为市场部的员工，加藤信三也非常着急。

一天早上，他用本公司生产的牙刷刷牙时，牙龈被刷出血来。他气得将牙刷扔在马桶里，擦了一把脸，满腹怨气地冲出门去。牙龈被刷出血的情况，已经发生过许多次了，并非每次都因为自己不小心，而是牙刷本身的质量存在问题。真不知道技术部的人每天都在干什么？

当他准备向技术部发一通牢骚时，忽然他想起管理培训课上学到的一条训诫："当你有不满情绪时，要认识到正有无穷无尽新的天地等待你去开发。"他冷静下来，心想：难道技术部的人不想解决这个问题吗？一定是暂时找不到解决的办法。这也许是一次发挥自己能力的好机会呢！于是，他掉头就走，打消了去技术部发牢骚的念头。

后来，加藤信三和几位同事一起着手研究牙刷的问题。他们提出了改变牙刷造型、质地、排列方式等多种方案，结果都不理想。一天，加藤信三将牙刷放在显微镜下观察，发现毛的顶端都呈锐利的直角。这是机器切割造成的，无疑是导致牙龈出血的根本原因。于是，加藤信三就向领导建议：公司应该把牙刷毛顶端改成圆形。改进后的狮王牌牙刷在市场上一枝独秀。作为公司的功臣，加藤信三从普通职员晋升为课长。十几年后，他成了这家公司的董事长。

工作中的问题是什么？是你进步的机会。你进步了，当然就能获得晋升。如果你能发现一些别人发现不了的问题，那你就能在竞争中独树一帜，也就等于抓住了加薪晋职的机会。

每遇到一个问题时，都看作是一次机会，这样解决问题的能力才能越来越强。在工作中，培养并提高解决问题的能力是十分重要的。可以解决的问题越多，完成的任务越大、越难，在企业的地位就越稳固。

「 重点思考，抓住关键 」

无论是工作、学习还是处理生活问题，都要讲究方法。只有抓住关键问题，切中问题的要害，才能使我们的工作和学习事半功倍。治病要讲究"对症下药"，解决问题也是一样的道理，要找对关键点，抓住问题的"症结"。当你在工作中遭遇难题，一筹莫展的时候，不妨让自己冷静下来，仔细分析一下问题，找到"症结"，对症下药，问题就可以顺利解决。

一个作家有这样一次经历：

当他还是一名记者时，他托一位同事代买圆珠笔，并再三叮嘱他："不要黑色的,记住,我不喜欢黑色,暗暗沉沉,肃肃杀杀。千万不要忘记呀,12支,全部不要黑色。"第二天,同事把那一打笔交给他时,他差点昏过去:12支,全是黑色的。

他的同事却振振有词地反驳:"你一再强调黑色的,黑色的,忙了一天,昏沉沉地走进商场时,脑子里印象最深的两个词是:12支,黑色。于是我就一心一意地只找黑色的买了。"其实,只要他言简意赅地说,"请为我买12支蓝色的笔",相信同事就不会买错了。从此以后,他无论说话、撰文,总是直入核心,直切要害,不去兜无谓的圈子。

有一家核电厂在运营过程中遇到了严重的技术问题,导致了整个核电厂生产效率的降低。核电厂的工程师虽然尽了最大的努力,但还是没能找到问题所在。于是,他们请来了一位顶尖的核电厂建设与工程技术顾问,看看他是否能够确定问题的所在。顾问穿上白大褂,带上写字板,就去工作了。在两天的时间里,他四处走动,在控制室里查看数百个仪表、仪器,记好笔记,并且进行计算。

临离开前顾问从衣兜里掏出笔,爬上梯子,在其中一个仪表上画了一个大大的"×"。"这就是问题所在。"他解释说,"把连接这个仪表的设备修理、更换好,问题就解决了。"顾问走后,工程师们把那个装置拆开,发现里面确实存在问题。故障排除后,电厂完全恢复了原来的发电能力。

大约一周之后,电厂经理收到了顾问寄来的一张1万美元的"服务报酬"账单。电厂经理对账单上的数目感到十分吃惊。尽管这个设备价值数十亿美元,并且由于机器的故障损失数额巨大,但是以电厂经理之见,顾问来到这里,只是到各处转了两天,然后在一个仪表上画了一个"×"就回去了,这么一项简单的工作收费1万美元似乎太高了。

于是,电厂经理给顾问回信说:"我们已经收到了您的账单。能否请您将收费明细详细地逐项分列出来?好像您所做的全部工作只是在一个仪表上画了一个'×',1万美元相对于这个工作量似乎是比较高的价格。"

过了几天,电厂经理收到顾问寄来的一份新的清单,上面写道:"在仪表上画'×'：1美元；查找在哪一个仪表上画'×'：9999美元。"

许多人不能有效地抓住问题的关键点，遇到问题不分主次、一概而论，结果，付出了很大的代价，却只取得十分有限的成就。只有抓住问题的关键点，制定出合理的策略，采取正确的方法，才能取得事半功倍的效果。从重点问题突破，是高效能人士思考的习惯之一，如果一个人没有重点的思考，就抓不住事物的关键。那么，他做事的效率必然会十分低下。相反，如果他抓住了主要矛盾，解决问题就变得容易多了。

「 问题是变化的，方法是多样的 」

问题总是在不断变化的，因此，解决问题的方法也是在不断变化的。因此，我们要学会变化，方法总是在变化中产生。职场中的人，在竞争日益激烈的今天，要培养勇于改变的理念，勇于面对变化带来的困难，才能做到卓越和高效。

在一次培训课上，企业界的精英们正襟危坐，等着听管理教授关于企业运营的讲座。门开了，教授走进来，矮胖的身材、圆圆的脸，左手提着个大提包，右手擎着个圆鼓鼓的气球。精英们很奇怪，但还是有人立即拿出笔和本子，准备记下教授精辟的分析和坦诚的忠告。

"噢，不，不，你们不用记，只要用眼睛看就足够了，我的报告非常简单。"教授说道。

教授从包里拿出一只开口很小的瓶子放在桌子上，然后指着气球对大家说："谁能告诉我怎样把这只气球装到瓶子里去？当然，你不能这样，嘭！"教授滑稽地做了个气球爆炸的姿势。

众人面面相觑，都不知教授葫芦里卖的什么药，终于，一位精明的女士说："我想，也许可以改变它的形状……"

"改变它的形状？嗯，很好，你可以为我们演示一下吗？"

"当然。"女士走到台上，拿起气球小心翼翼地捏弄。她想利用其柔软可塑的特点，把气球一点点塞到瓶子里。但这远远不像她想的那么简单，很快她发现自己的努力是徒劳的，于是她放下手里的气球，说道："很遗憾，我承认我的想法行不通。"

"还有人要试试吗？"

无人响应。

"那么好吧，我来试一下。"教授说完拿起气球，三下两下便解开气球嘴上的绳子，"嗤"的一声，气球变成了一个软耷耷的小袋子。

教授把这个小袋子塞到瓶子里，只留下吹气的口在外面，然后用嘴巴衔住，用力吹气。很快，气球鼓起来，胀满在瓶子里，教授再用绳子把气球的嘴儿给扎紧。"瞧，我改变了一下方法，问题迎刃而解了。"教授露出了满意的笑容。

教授转过身，拿起笔在写字板上写了个大大的"变"字，说道："当你遇到一个难题，解决它很困难时，那么你可以改变一下你的方法。"他指着自己的脑袋，"思想的改变，现在你们知道它有多么重要了。这就是我今天要说的。"

精英们开始交头接耳，一些人脸上露出顽皮的笑意。教授按下双手示意大家安静，然后说："现在，我们做第二个游戏。"他的目光将众人扫视一遍，指着一个戴眼镜的男子说："这位先生，你愿意配合我完成这个游戏吗？"

"愿意。"戴眼镜的男子走到台上。

教授说："现在请你用这只瓶子做出五个动作，什么动作都可以，但不能重复。好，现在请开始。"

男子拿起瓶子，放下瓶子，扳倒瓶子，竖起瓶子，移动瓶子，五个动作瞬间就完成了。教授点点头，说道："请你再做五个，但不要与刚才做过的重复。"

男子又很轻易地完成了。

"请再做五个。"

等到教授第五次发出同样的指令时，男子已经满头大汗、狼狈不堪。教陵第六次说出"请再做五个"时，男子突然大吼一声："不，我宁愿摔了这瓶子也不要再让它折磨我的神经了！"

精英们笑了，教授也笑了，他面向大家，说道："你们看到了，变有多难，连续不断地变几乎使这位亲爱的先生发疯了。可你们比我还清楚商战中变有多么重要。我知道那时你们就是发疯也要选择变，因为不变比发疯还要糟糕，那意味着死亡。"

现在，精英们对这场别开生面的讲座品出点味道来了，他们互相交换着目光。

停了片刻，教授又开口了："现在，还有最后一个问题，这是个简单的问题。"他从包里拿出一只新瓶子放到台上，指着那只装着气球的瓶子说："谁能把它放到这只新瓶子里去？"

精英们看到这只新瓶子并没有原来那个瓶子大，直接装进去是根本不可能的。但这样简单的问题难不住头脑机敏的精英们，一个高个子的中年男人走过去，拿起瓶子用力向地上掷去，瓶子碎了，中年人拾起一块块残片装入新瓶子。

教授点头表示称许，精英们对中年人采取的办法并没有感到意外。

这时教授说："先生们、女士们，这个问题很简单，只要改变瓶子的状态就能完成，我想你们大家都想到了这个答案，但实际上我要告诉你们的是：一项改变最大的极限是什么。瞧！"教授举起手中的瓶子，说："就是这样，最大的极限是完全改变旧有状态，彻底打碎它。"

教授看着他的听众，补充道："彻底的改变需要很大的决心，如果有一点点留恋，就不能够真的打碎。你们知道，打碎了它就是毁了它，再没有什么力量能把它恢复得和从前一模一样。所以当你下决心要打碎某个事物时，你应当再一次问自己：我是不是真的不会后悔？"

讲台下面鸦雀无声，精英们琢磨着教授话中的深意。教授收拾好自己的包，说："感谢在座的诸位，我的讲座结束了。"然后他飘然而去。

我们生活在一个瞬息万变的世界里，应当学会适应变化。学会变通地去应对工作中的问题，在变化中解决问题，我们才能最大限度的发挥自己的潜能。

「 如何应对解决突发事件 」

我们在工作过程中总会遇到一些意想不到的突发问题，此时许多人往往不知所措，感到困难重重，无从下手，产生极度的畏难情绪："我身处职场好几年了，怎么也算得上资深人士了，我在日常工作中游刃有余，可是一旦遇到突发事件，大脑就仿佛不会思考，不知道该如何应对。""工作中我最讨厌突发事件，每次碰到我都手足无措，好像大脑不听使唤一样，好几次全靠同事帮忙才顺利解决。真的不知道是自己太笨，还是那些事情本身就很棘手。""遇到突发事件，我不知道从何下手，万一办砸了怎么办？能避就避吧！"

而有人则将这些突发事件处理得很好，显示出超强的解决问题的能力。其实，"最大的敌人就是你自己"，只要我们敢于颠覆自己最初的盲目决定，能够听从别人的建议而做出符合局势要求的新主张，就有可能将问题解决得很漂亮。

小李是公司的文秘，常常有很多突发事件要她处理。比如，员工突然病倒了，把员工紧急送往医院；公司临时接待客户，发现缺少了什么物品等。不过，虽然突发事件很多，但是小李已经适应了，而且每次都处理得很好。

一次，公司装修，要将员工的办公物品在一天之内全部搬离原来的办公区。公司将这一任务交给了小李。这并不是一个好差事，相反，还是一个出力不讨好的事。果不其然，当她通知大家后，只有少数人听命行事，其他的人，特别是销售部的人，不仅迟迟不打包整理物品，还扬言"销售部是公司主力军，怎么能干这种事"。小李发扬了雷厉风行的性格，当即找到销售部总监，说如果他的手下不整理好东西的话，她将把他们的东西全部倒进垃圾桶。果然，这招很灵。他们最后也在规定时间内完成了任务。由于这次小李表现出色，公司给她加了薪，升了职。

行走职场，如果遭遇突发事件，你该如何应对呢？如果你仍然只会在"转身就跑"与"勉强死撑"中二选其一，那么你很快就会在竞争中处于下风，成为企业可有可无的人。

人在职场，不仅要把自己的工作做到位，还要能够洞察全局，用长远的眼光看待工作，思考工作，把握好每一个细节，这样在遇到突发事件时就可以及时补位。有时候，合理的补位能让自己的工作变得更加圆满出色，能将突发事件的不良影响降到最低。想他人所未想，你才能随时应对可能发生的各种问题，才能把"泥饭碗"变为"金饭碗"。善于积极思考、解决问题的人最受欢迎，因为他们无论到了哪儿都能够独当一面，都会发挥积极的作用。

遇到突发事件，有的人显得惊慌失措，有的人却是从容不迫。面对问题时，从容不迫的人能够采取积极、具体的行动来表明自己对突发事件的态度并做好应对措施。这倒不是因为他们能掐会算，知道什么时候要出什么事，而是他们善于洞察全局，时刻为公司着想，为避免公司可能出现的各种危机提前做好应对措施。

你应该如何应对突发事件？

第一，善于分析，积极应对。

当在职场中面临突发事件时，首先应该弄清楚事件的实际状况，如事件影响面的大小、影响的严重程度等；其次，分析促使突发事件产生的各种可能原因和由此造成的不良影响，确定可行的应对策略；最后，从大局出发，尽可能快速地采取能够表明"积极态度"的具体行动来进行补救，切不可在现行的规则中徘徊而错失最佳良机。

第二，加强演习，培养"危机"意识。

先"演习"一场比你要面对的局面更复杂的战斗。如果手上有棘手活而自己又犹豫不决，不妨挑一件更难的事先做。危机往往能激发我们的潜能。不要以为自己能刻意地创造出舒适的生活，可以设计出各种越来越轻松的生活方式，使自己生活得风平浪静。我们要明白，从内心挑战自我是我们生命的动力，否则，我们只能坐等危机或悲剧的到来。

第三，遭遇"火情"，大胆决定。

在职场中遭遇"火情"，我们需要大胆做出决定，有时这些决定也许会违背常规，不然，很可能让我们本人或自己的团队在时间的拖延中面临更大的信任危机。

第四，迎接挑战，毫不退缩。

遇到突发事件时不要恐惧，更不要退缩，要迎难而上，借此机会锻炼自己的心理素质和处理突发事件的能力。世上最有成就感的体验是，战胜恐惧后迎来某种安全有益的东西。哪怕克服的是小小的恐惧，也会增强你对创造自己生活能力的信心。相反，如果一味想避开恐惧，恐惧就会对你穷追不舍。此时，最可怕的莫过于双眼一闭假装它们不存在。对于我们来说，最重要的是要迎战恐惧，增强自信。

「 棘手难题需要打破思维定势 」

难题是阻碍我们前进的障碍，也是帮助我们成长的基石。生活中，我们每天都要面对各种各样的问题，可以说，人生的过程就是不断解决问题的过程。

面对难题，我们通常会有三种态度：

其一，逃避。认为自己无法解决，所以选择不面对，避而远之。

其二，随便解决。尽管解决了，但并没有找到最佳途径。

其三，找到最好的解决办法。这才是面对问题最好的态度：不仅要解决问题，而且要通过最好的方法来解决。

那如何才能找到最好的方法来解决棘手难题呢？创新无疑是至关重要的。很多时候，创新能帮助你解决难题，而且能帮你找到最好的解决方法。

打破常规，突破传统思维的束缚，哪怕是一个小小的突破，也会产生非凡的效果。日本东芝电气公司的一个小员工，就因为一个不太起眼的创意，为公司的发展做出了巨大贡献。

20世纪50年代，日本的东芝电气公司曾一度积压了大量的电扇卖不出去，几万名员工为了打开销路，费尽心机地想办法，依然进展不大。

有一天，一个小员工向当时的董事长提出了改变电扇颜色的建议。在当时，全世界的电扇都是黑色的，东芝公司生产的电扇自然也不例外。这个小员工建议把黑色改为浅色。经过研究后，公司采纳了这个建议。

第二年夏天，东芝公司推出了一批浅蓝色电扇，大受顾客欢迎，市场上甚至还掀起了一阵抢购热潮，几十万台电扇在几个月之内一销而空，解决了产品积压这一棘手问题。从此以后，在日本乃至全世界，电扇就不再是一副统一的黑色面孔了。

此实例具有很强的启发性。只是改变了一下颜色，就能让大量积压滞销的电扇，在几个月之内迅速售空！而提出它，既不需要有渊博的科技知识，也不需要有丰富的商业经验，为什么东芝公司的其他几万名员工就没人想到，没人提出来？为什么此前日本以及其他国家有成千上万的电气公司也都没人想到，没人提出来？

这显然是因为行业惯例使然。电扇自问世以来就以黑色示人，各厂家彼此仿效，代代相袭，渐渐地形成一种传统，似乎电扇只能是黑色的。这样的惯例与常规，反映在人们头脑中，便形成一种思维定式。时间越长，这种定式对人们创新思维的束缚力就越强，要摆脱它的束缚也就越困难，越需要做出更大的努力。东芝公司这位小员工所提出的建议，从思考方法的角度来看，其可贵之处就在于，它突破了"电扇只能漆成黑色"这一思维定式的束缚。

解决难题的方法总是存在的，我们所需要做的就是抛开思维的束缚，发挥无限的创造力。在一般方法无法解决问题或是不能更好地解决问题的时候，尝试别人没有用过的方法，说不定会获得出乎意料的结果。

当难题摆在我们面前时，弱者会选择逃避，强者则会迎难而上。虽然解决难题的方法有很多，但创新无疑是解决棘手难题的最佳办法之一。突破思维定式，进行创新思考，是你解决问题的最佳办法的源泉，也将是你成功的法宝。

第九章
做有效的事，有效率地做事

「 找出拖慢效率的"罪魁祸首" 」

"是什么妨碍了我们做事的效率和成就？"当被问及这个问题时，不少人的回答几乎都是这些：时间不够用，物力不支持，财力等资源日益缩减，找不到机会等等。但是进行更深入的了解后，我们往往会发现，这些大都是借口，最根本的原因在于拖延。

刘某是某知名广告公司的一名设计师，他才华横溢、能力突出，但工作效率却极低，时常不能按时完成工作任务。

一次，一位重要客户要刘某按照要求设计一幅广告海报，并告诉他当天下班前提交。刘某接过任务后，心想一天的时间足够用了，便不急不慌地打开网页浏览新闻、打开手机翻看朋友圈……当刘某开始工作后，一会和朋友聊天，一会又去倒水喝……下午他的工作状态也是如此，结果下班时没有做好海报。

晚上九点多，刘某表示自己今晚得加班了，因为客户已经催促了好几次，他在网络上发给朋友一个抓狂的表情。谁知没过十分钟，他又和朋友聊起刚结束的篮球决赛来，他居然先看了一场比赛。结果是，由于时间太仓促，他做出的海报几乎没有什么新意，连修改的时间都没有，客户很不满意。

对此，他满腹怨言："唉，我的时间总是不够用。"

"就是工作状态不对！拖延症重症患者！"领导直言不讳地说，"不到最后时刻不肯干活，两年里被你拖黄的项目就有三个。不算前期费用，损失也在十万元以上，你这样的人再有才能，我也不敢重用。"

在生活节奏越来越快的今天，像刘某一样拖延做事的人随处可见，"这件事情还是明天再想吧"，"先看完这个电影，一会再写这份报告也不迟"，等等请注意，这是时间浪费和做事低效的"罪魁祸首"。我们的情绪也会因此陷入负面，负面情绪又会加重拖延行为，势必让事情变得越来越糟糕。

以回复信件为例，你是否发现自己经常在信件的开头写下这样的话："真对不起这么久才给你回信"或者"很抱歉拖了很久才回复"。本来当初接收到邮件时可以马上很愉快做回复，可是当你拖延了几天、几星期之后，众多邮件积累在一起的时候，你的思路就会混乱，回复时间变长。

拖延是毫无意义的——短暂的逃避之后事情依然要做。同样的工作内容，同样的八小时工作时间，有人可以利索的、完美地完成任务，有人却总要加班加点工作，而且完成效果也不理想。试想，公司会喜欢哪一类人呢？很明显，前者更容易获得上司的嘉奖、同事的敬佩和客户的信赖。

比尔·盖茨说过这样一段话："凡是将应该做的事拖延不立刻去做，而想留待将来再做的人总是弱者。凡是有力量、有能耐的人，都会在对一件事情充满兴趣、充满热忱的时候，就立刻迎头去做。"对此，我们不得不正视一个问题，那就是摆脱拖延，力争高效做事。

当你开始着手一件事情时，有时觉得无论如何都不想做，怎么办？为此，你可以给自己制定一个五分钟的整理计划。先将自己的疑虑、抗拒或胆怯暂时放到一边，先不要考虑各种长期计划，做事之前和自己做个约定，"我只要先做五分钟就好了"，或是"先做五分钟，然后再决定要不要继续下去"。

俗话说"万事开头难"，当你用心做了五分钟后，往往会觉得再继续做五分钟不是太难办的事情了。这是因为，拖延有时是忧虑将来的事情引起的。如果你发现将思绪投入到当前的事情中去，专心致志就能做完许多拖延下来的事，忧虑心理必然会消失，慢慢就形成一定的行动惯性。

比如，整理屋子是很多人都不太喜欢的事情。可是，你不会看着又脏又乱的屋子而无动于衷吧？你越拖延，厌恶感越强，做起来越烦躁，就越不愿意做这件事。所以，不如趁厌恶感还未滋生前或比较弱的时候赶快行动，拿起清洁工具简单地整理一下。当发现房间变干净时，你的心情自然会变好，你就想再继续整理一会，这样很快就能让房间清洁，一切便会井然有序了。

当然，克服拖延最关键的是增强自制力，只有当自己有愿意改正的动力时，你才能舍弃暂时拖延带来的放松，愿意为日后的幸福忍受眼前的痛苦。

「 也许你需要的只是一个计划 」

或奔波于上下班途中，或穿梭于单位各部门之间，或坐在电脑旁处理一大堆文件、材料……繁忙的工作任务、沉重的压力和责任，是不是让你觉得工作杂乱无章、没有效率，似乎永远没有出头之日？你想改变这种状态吗？答案当然是"想"。那么如何做呢？也许你需要的只是一个计划。

任何事情要想成功必须事先做计划，因为人是有一定惰性的，仅靠自觉性来完成一项事情，很容易出现一些想象不到的偏差，如完成时间滞后，质量水平降低，埋下隐患等等。而如果制订好计划，有一个量化的指标，按照计划的步骤、要求来一步步完成，做事就会有条理，效率就会有保证。

多年前，帕塔莎希望成为一名出色的音乐家，但她没受过专业的音乐培训，对音乐界有些陌生，所以时常觉得未来迷茫，人生无望。

"我甚至不知道自己下个星期该做什么？"帕塔莎向导师倾诉道。

"想象你五年后在做什么？"导师说，"你先仔细想想，确定后再说出来。"

沉思了几分钟，帕塔莎回答道："五年后，我希望能有一张唱片在市场上发行，而这张唱片很受欢迎，可以得到许多人的肯定。"

"好，既然你确定了，我们就把这个目标倒算回来。"导师继续说道，"如果第五年你有一张唱片在市场上，那么你的第四年一定是要跟一家唱片公司签上合约，你的第三年一定是要有一个能够证明自己实力、说服唱片公司的完整作品，你的第二年一定要有很棒的作品开始录音，你的第一年就一定要把你所有要准备录音的作品全部编好曲，你的第六个月就是筛选准备录音的作品，你的第一个月要把目前这几首曲子完工。你的第一个礼拜要先列出一整个清单，排出哪些曲子需要修改、哪些需要完工，对不对？"

听了导师的话，帕塔莎犹如醍醐灌顶，顿时豁然开朗。

帕塔莎的事例告诉我们，做好规划对于提升做事效率具有显著作用。的确，那些善于规划人生的人，每时每刻都知道需要做什么事，清楚自身行进速度和与目标之间的距离，完成的每一件事都在规划之中，以便不断监督自己、提醒自己、鞭策自己，如此有的放矢，自然水到渠成。

对此，美国作家阿兰·拉金在其著作《如何掌控你的时间与生活》一书中说："一个人如果做事缺乏计划，靠遇事现打主意过日子，他的生活就只有'混乱'二字，这也就等于计划着失败。相反，有些人每天早上计划好一天的事情，然后照此实行，他们就是生活的主人。"可见，高效做事需要超强的能力，也需要清晰的计划。

当然，计划不是简单说说，需要一番精心整理。这里提供一种好方法，即"5W1H"。

"5W1H"即5个W和1个H开头的字母，分别是What、When、Where、Who、Why以及How。What，是指你的工作计划的内容。你计划什么时间完成或在什么时间段完成，即 When。你的项目由谁实施或需要哪些人协助实施，即 Who。你的项目将在哪儿完成，即 Where，你的项目中有什么意义，即为何要做，即 Why。接下来，我们就可以选择如何去开展你的项目了，即 How。

通过"5W1H"计划分解，你是不是可以明确如何行动了，而且每项内容都可以找到对应的入手方式。这就是计划的作用——一切一目了然，一切尽在掌握。即使中途会出现一些意外，其结果一般也不会有太大差异。

当然，像这种烦琐的准备工作，并不适用于所有事情，通常我们只要挑出最需要花时间，且对其他工作有影响力的重要项目加以整理，使之组织化即可。

「 轻重缓急，学会为工作排序 」

你是否困惑——明明比别人更有能力，更努力，为何却总是收效甚微？你应该先问问自己，是否把时间留给了最重要的工作。

很多人都知道这样一个小测试：

水一罐，碎石若干，大石头一块，细沙一堆。要求把以上物品装进一只铁桶。

如果请你做这个小实验，你将会按照怎样的顺序把以上物品装进铁桶？

最好的方法是，先放大石头一块，再放碎石，最后放细沙。

为什么？因为如果你不是先把石块装进铁桶里，那么你就再也没有机会把石块装进铁桶里了，因为铁桶里早已装满了碎石、沙子和水。而当你先把石块装进去，铁桶里则会剩下很多空间来装其他相对小的东西。

之所以提及这个实验，就是想告诉大家，每天都有无数的事情等待着我们去处理，但事情永远有轻重缓急之分，我们必须分清楚什么是石块，什么是碎石、沙子和水，并且总是把石块放在第一位。也就是说，不管有多少事情正待处理，我们一定要学会为工作排序，把重要的事情先做好。

一个高效的人应是一个计划高手，他们能分清工作的轻重主次，设计优先顺序，这是取得高效的捷径。

在这里，提供给大家"ABC整理法"，具体操作过程是这样的：

A：最重要的工作，这类工作为"必须做的事"。比如，约见非常重要的客户，重要的日期临近等。

B：较重要的工作，指"应该做的事"。这类工作比较重要，但比起A类事务来说，不是非常重要。

C：次重要的工作，指"可以去做的事"，相对前两类工作，这类工作是价值最低的。这类工作可以靠后，如果的确没有时间去做，那就可以授权其他人去做，甚至完全忽略。

马斌是一家汽车公司的总裁，他每天需要处理公司上下繁多的事务，不过他并不忙乱，这都是"ABC整理法"的功劳，因而他总是能够分清轻重缓急。

比如，马斌的手上从未同时有三件以上的急事，通常一次只有一件，其他的则暂时摆在一旁，而且他会把大部分时间拿来思索那些最具价值的工作，比如公司的总体发展规划、年度工作任务、行业发展前景等。他在处理下属呈递的需要签署的文件的时候，要求秘书把文件分类放在不同颜色的公文夹中。不同颜色的文件夹代表着不同的意义：红色的代表特急，需要立即批阅；绿色的可以缓一缓；橘色的代表这是今天必须注意的文件；黄色的则表示必须在一周内批阅的文件；黑色的则表示他必须要签字的文件……

正是凭借这种工作方式，马斌大大提高了自己的工作效率。

为此，在开始一天的工作之前，你最好要先问问自己："我今天工作的重点是什么？""哪些事情是我现在非做不可的？""为什么我需要完成这件事情？它是否对我很重要""我正在做的事情是否最合适现在这段时间"……将自己所从事的工作内容整理成一份表格，重点标注，并且依次写下需完成的日期和时间，这就是你接下来要重点对待的工作内容。

「 多线并行，提高效率 」

每个人的生命都是有限的，同样，属于一个人的时间也是有限的。条理的精妙之处就在于，明明拥有同样长短的时间，有的人偏偏就能做比别人更多的事情。

为了更形象地指出这一点，我们来看著名数学家华罗庚曾经写过一篇文章：

一个人想泡壶茶喝，当时的情况是：开水没有，水壶要洗，茶壶茶杯要洗，火生了，茶叶也没有了。怎么办？

办法一：洗好水壶，灌上凉水，放在火上；在等待水开的时间里，洗茶壶、洗茶杯、拿茶叶；等水开了，泡茶喝。

办法二：先做好一些准备工作，洗水壶，洗茶壶茶杯，拿茶叶；一切就绪，灌水烧水；坐待水开了泡茶喝。

办法三：洗净水壶，灌上凉水，放在火上，坐待水开；水开了之后，急急忙忙找茶叶，洗茶壶茶杯，泡茶喝。

哪一种办法省时间？谁都能一眼看出，第一种办法好，因为后二种办法都"窝了工"。

这个例子告诉了我们一个道理，大量的时间浪费来源于没有考虑工作的可并行性，使并行的工作以串行的形式进行，结果长期用低效率、高耗时的方法工作。而多线并行可以让你用同样的时间做最多的事，最大限度地避免混乱的忙碌、低效率的忙碌。即使面对再繁杂的工作，也能做到高效。

当然，多个工作线索也可能使你思绪繁杂，降低效率，这需要我们在头脑里提前对自己所做的事情有一个大致的计划。比如，今天都有哪些工作需要自己去完成？这些工作大概又需要多长的时间？我们还会有多少由自己个人支配的时间？这就像老师上课一样，在备每一节课的时候，除了备好所要讲的内容以外，还要安排所讲内容的时间，复习的时间需要多长？新课讲授的时间又该留多长的时间？学生自己练习多长时间？等等，这些都要有一定的估计和判断。

有人会说这是"小题大做"，但在工作环节繁多的时候，这样做就非常有必要了。

一天上午刚上班，莫白接到总经理安排的六件事情：

去交通监控中心处理违章罚款事宜；到市工商局办理营业执照地址变更的相关手续；拟写一份关于端午节公司放假以及安全注意事项的通知；一位重要客户来访，十一点前往机场迎接，并做好接待工作；协助业务经理和一位打算辞职的业务员谈话；后天部门主任前往广州出差，安排订机票、酒店等工作。

接到总经理的指示时，莫白大脑一片空白，但深呼吸几秒后，他决定利用多线并行的方法来处理。

具体方法如下：

莫白先拟写了关于端午节公司放假以及安全注意事项，然后询问了主任去广州出差的具体行程；九点半左右，莫白从公司开车去机场接客户。考虑到去机场的路上经过交警大队，莫白先去处理了违章罚款事宜。十一点接上客户，做好午餐、午休等接待工作，期间莫白在手机上通过网络帮主任订了机票、酒店等；下午陪同客户之后，莫白协助业务经理和打算辞职的业务员谈话；四点半，前往市工商局办理营业执照地址变更的相关手续，等事务办好后正好到了下班时间。

在这样的统筹下，莫白将时间运用得很高效，几件事情都处理得非常圆满。

一个善于多线并行做事的人即使才能平庸，因为条理分明，所以总能有条不紊地处理各种事务，最终提高工作效率。

「 把空闲时间利用起来 」

在当今这个生活节奏紧凑的年代，我们似乎每天都没有充余的时间去做想做的事，所以许多念头就此打消了，许多计划就此蹉跎了。生活中，常听到这样的抱怨："我的时间不够用，许多要干的事都没有干。""现在根本没时间，关于梦想的事，等以后再做吧"……你是否也有同感？

但真的怪时间吗？不是，是我们尚未对空闲时间进行整理。所谓"空闲时间"，是指不构成连续的时间或一个事务与另一事务衔接时的空余时间。

艾里斯顿的故事很有启迪性，和大家分享：

艾里斯顿很小的时候就开始学钢琴，他是一个勤奋的孩子，每天一练琴就是三四个小时，他认为自己做得很好，但他的钢琴教师爱德华却不赞同，"你将来长大后每天不会有这么长的空闲时间的，你可以养成习惯，一有空闲就练习几分钟。比如在你上学以前，或在午饭以后，或在工作的休息余暇，五分钟、五分钟地去练习。把长的练习时间分散在一天里面，如此弹钢琴就成了你日常生活中的一部分了。"

那时艾里斯顿才14岁，他对老师的话不以为然，但长大后在哥伦比亚大学教书的时候，他才深刻地领悟到这一真理。艾里斯顿想课余时间从事创作，可是上课、看卷子、开会等事情，把他白天、晚上的时间完全占满了，差不多有两个年头他不曾动笔写下一个字。后来，艾里斯顿想起了老师的话，他决定实验一下，每天只要有五分钟左右的空闲时间，写作100字或短短的几行就行。

出乎意料，在那个星期的周末，艾里斯顿居然积累了相当厚的稿子。后来，他用同样积少成多的方法，创作了一篇长篇小说。再后来，他的教授工作一天比一天繁重，但是每天仍有许多可资利用的短短闲暇。同时他还练习钢琴，他发现每天小小的间歇时间，足够他从事创作与弹琴两项工作。再后来，艾里斯顿成为了美国近代著名的诗人、小说家和出色的钢琴家，取得了辉煌的成就。

鲁迅说："时间就像海绵里的水，只要你愿意挤，总还是有的。"凡在事业上有所成就的人，大多都善于将那些零碎的时间，那些被分割得支离破碎的时间，那些常人不注意的零零碎碎的时间，都收集利用起来。变闲暇为不闲，提高时间的利用价值。

格劳·福特曾是世界上最大的化学公司——杜邦公司的总裁，身为总裁，他的时间总是被各种工作安排得很满，但他却写下了一本关于蜂鸟的书，这本书被权威人士称为自然历史丛书中的杰出作品。格劳·福特的时间从哪里来的？他的回答是："每天挤出一小时来研究蜂鸟，并用专门的设备给蜂鸟拍照。"

休格·布莱克原本是一名很普通的年轻人，他没有受过高等教育，知识不渊博，能力也不出众。但在工作之余，他每天挤出一小时到国会图书馆去博览群书，包括政治、历史、哲学、诗歌等方面的书，数年如一日，从未间断过。结果，他最终进入了美国议会，成为了美国最高法院的法官。

……

当看到很多人利用空闲时间大有作为时，我们还有理由抱怨自己没时间吗？

把空闲时间利用起来，具体可以这样做：

每周你花了多少时间在上下班的路上？一般来说，至少要好几个小时。那么，不妨学着好好利用这段时间。如果你开车上下班，可以听听外语，听听商务报告；如果你坐公交或地铁，可以读书、看报，还可以将一些英语单词、工作事项等记在小卡片上，不时地看一看，想一想。

用餐时间通常不会有人打扰，为什么不尝试着学几个外语单词呢？找到一个单词，检查它的含义，并想出几个例句，一年后你就能大体掌握一门外语。每逢双休日时肯定会有一些空闲时间，即便白天没有，你也可以晚上尽量不看手机电视，然后抽出一定的时间学学钢琴，练练书法，做自己喜欢做的事。

「 世界永远属于早起的人 」

一家公司提倡人性化的出勤制度，推销员的出勤时间随意，出勤延迟，相应地下班也延迟，只要保证每天工作六小时即可，公司这样做是有意提升推销员的热情，但事实证明公司的业绩一直很悲惨。公司看到这种情况，决定换一种政策——所有推销员早上八点半之前必须到公司，迟到一分钟罚款 50 元。

这样做带来了什么结果？很快事实向众人证明，长期迟到的推销员开始陆续提早出勤，业绩随之提升。原因是什么？推销工作竞争十分激烈，讲究先下手为强，早晨能拜访多少客户、能做多少商品推介、能多大程度地动起来，这是决定业绩的关键。

俗话说"早起的鸟儿有虫吃",任何行业的成就都不是临时抱佛脚可以得来的。有些人之所以成功,不是因为他们比我们聪明多少,也不是他们懂得比我们多多少,而是他们比我们更好地整理和利用了早晨的时间。

放眼国内外,成功都是从早晨开始的。

苹果公司首席执行官蒂姆·库克每天早上四点半就开始发送邮件,然后去健身房锻炼一会,再正式开始工作。在一次接受采访时,库克曾表示自己每天都是公司第一个到办公室的人,他为此感到十分自豪。库克早起的习惯来自他的前上司——乔布斯。乔布斯每天凌晨四点起床,九点半前他就已经把一天工作完成了。

沃里奥是思科前首席技术和战略官,如今科技界内最具声望的女性高管之一。在任思科首席技术官时,她每天四点半起床,然后花一小时时间阅读公司邮件,接着查看新闻、锻炼、做早餐,并照顾好儿子。而且,所有这些事情都会在八点半之前完成。

"经营之神"的王永庆,每天凌晨三点准时起来做毛巾操、看公文、思考决策等,他表示:这段时间很安静,无人打扰,自己能同时处理多项事情,然后八点准时上班。

在美国有一个著名的"五点钟俱乐部",呼吁人们每天坚持早晨五点起床,然后做一些力所能及和有意义的事,如读书、运动、写作、沉思、计划。塔尔梅奇是美国赫赫有名的前参议员,他就是"五点钟俱乐部"的成员,每当有人和他约定采访时间时,他都会说早上五点就可以,"我每天早上五点起床,这个习惯始于在法学院念书时。那时我热爱读书,是早上第一个到图书馆的学生,所以每次都能借到自己想阅读的书,这用中国人的话说就是'早起的鸟儿有虫吃'。要赶在太阳升起前爬起来需要相当的毅力,但利用这段时间提前做好事情,就比别人更强"。

……

早起的优势恰恰在于其时间的充裕，早上的时间段干扰最少，你将拥有更多专属的时间去安排自己想做的事情。如果我们能学会利用这段时间来做一些重要的事情，那即使这一天什么都没干，我们也会觉得很有收获。当然，这也要循序渐进，不妨先给自己的起床时间提前半个小时，一段时间后再往前提。

世界永远属于早起的人，如果闹钟响了你还不想起床，那就想想你今天需要完成的事情，不做又会错失多少机会。机会都是需要争抢的，有时晚一分钟，你就失去了资格。想到这里，你是不是马上就能清醒了？这正如一句话所说——"每天叫醒我们的不应该是闹铃，而是梦想。"

「善用人体的"生理时间表"」

怎样的工作安排才是最理性的？

怎样的工作安排才是最有效的？

这是很多人都在思索的问题，对此，每个人都有自己的想法，但前提是善用人体的"生理时间表"。世间万物都有一定的规律变化，比如四季轮回，春去秋来，我们的身体也是一样的，它依照内在的生理时钟，在一天之中有着不同能量表现，这就需要我们依照身体节律去工作、学习、生活。

你有没有过这样的体会：同样是工作一小时，有时精力充足，积极性很高，效果也很好；有时却精神萎靡，不仅觉得工作没劲，效果也会降低不少，这就是"生理时间表"在体内起的作用。科学的"生理时间表"，要求的是整体时间的使用最佳化，也就是说，在同样的时间消耗情况下，争取在最高效的时间段工作，进而提高时间的利用率和有效性，让时间所制造的生产量最高。

现在我们就来整理下一天中人体的"生理时间表"。

00:00—06:00：这是人体的"休眠期"，这段时间是最佳的睡眠时段，效果最好，此时肝、胃等器官处于休眠状态，也是最佳排毒时间，不宜熬夜。这段时间好好地休息，会让你在醒后神清气爽，容光焕发。

06:00—09:00：这是人体的"高潮期"，俗话说"一天之计在于晨"，机体休息完毕并进入兴奋状态，头脑清醒，大脑记忆力最好。所以，如果有一些需要记忆或发散性较强的工作，一般选择这个时段做比较好。

09:00—11:00：这段时间被称为一天的"精华期"，此时身心都处于积极状态，大脑具有严谨、周密的思考能力，创造力也会很旺盛，这时是工作与学习的最佳时段。

12:00—13:00：这是人体的"午休期"，人的精力慢慢消退，反应也会比较迟缓，此时最好静坐或闭目休息一会，但时间也不能太长，半小时到一个小时就够了。这段时间如果没有条件休息，那就适当做做简单的运动，或者听一段音乐，让身体放松一下。

14:00—15:00：这是人体的"高峰期"，是人体分析力和创造力得以发挥淋漓的极致时段。这一个时间段，用于思考、阅读及写作等，往往就能保证高效率。

16:00—18:00：这是人体的"低潮期"，这时人体处于体力耗弱的阶段，反应迟缓，不适宜进行高难度、复杂的工作，不妨做好总结或善后工作，让一天的努力有个较好的结尾。另外，有试验显示，此时感觉器官尤其敏感，长期记忆效果非常好，因此你也可以合理安排一些需记忆的工作。

19:00—20:00：这段时间体内能量消耗，情绪不稳，应为人体"暂憩期"，此刻的休息是非常必要的。最好能在饭后去散个步，放松一下，缓解一日的疲倦和困顿。

20:00—22:00：这是人体的"夜修期"，这段时间为晚上活动的巅峰时段，大脑又开始活跃，反应迅速，记忆力也会特别好，此时可以进行商议、进修等需要思虑周密的活动。

23:00—24:00：这是人体的"夜眠期"，经过一整日的忙碌，体内大部分功能趋于低潮，精神困倦，此时工作效率最低，应该放松心情进入梦乡。不要再思考过多的问题了，因为那样会让身体超负荷，严重影响到第二天的工作状态。

当然，这只是一般情况下的时间表，我们每个人都有自己的作息习惯，一天当中最有效率的时段不尽相同。比如，有些人可能在早晨最有精神，这样的人是"早起有虫吃的鸟儿"；某些人上午的工作效率不高，到了下午精神才慢慢好转；还有一些人是越晚精力越旺盛。因此，我们在遵循一般性的"生理时间表"基础上，再结合自己的巅峰及低潮期，好好地运用。

第十章
浮躁的世界，心静者胜出

「 当你独一无二，世界会加倍奖赏你 」

互联网时代，是一个个性解放又心浮气躁的时代。这是一个人人都可以表现自我的时代，每个人都渴望自己的价值能够得到最大程度的发挥，但是这需要一个前提，那就是静下心来，做回自己。

然而，很多人却不懂得这个道理，他们亦步亦趋地效仿他人，希望自己长得像别人，吃得像别人，穿得像别人，住得像别人，甚至连言谈举止、说话腔调都要模仿别人，结果呢？即便一个人拥有别人无法企及的天赋，如果只是将这些天赋用在模仿别人上，最终也只能沦为追随他人的牺牲品。

达林身材高挑，脸上带着可爱的婴儿肥，给人的感觉既美丽又亲切。因为出色的容貌和身材，她被一个好莱坞的资深经纪人相中，经纪人推荐她去参加一个大型的选美比赛，优厚的奖金使达林动了心，她便跟着经纪人来到了好莱坞。比赛十分精彩，选手们来自美国各地，她们各有各的风采，但都非常漂亮。在激烈的竞争下，达林通过了一轮又一轮的淘汰赛，和其他四名选手一起杀入决赛，竞争冠军的位置。为了让这些决赛选手能够休息一下调整自己的状态，大赛组织者给了选手们半个月的准备时间。

接下来，达林开始积极地准备决赛，她分析了几个决赛选手，并将一个叫艾琳的选手当作了她的潜在对手。艾琳具有天生的贵族气质，脸上没有一丝赘肉，五官清晰而精致，显得冷艳而神秘，她每次都能获得评委的好评。面对这样优秀的对手，达林有点自卑，她那张肉乎乎的脸绝对没有一丝高贵和神秘可言，她决定要改变自己，在决赛之前让自己瘦下来，能够和艾琳一样。达林开始了疯狂减肥，每天只吃一点低热量的蔬菜和水果，完全没有主食，在短短的几天内瘦了十斤。可是由于严重营养不足，达林脸上的双颊也瘦得凹陷下去，神色显得非常疲倦。

到决赛的那一天，当经纪人看到达林的样子时立刻惊叫起来："你怎么变成这个样子了？"接下来，经纪人用无法掩饰的懊悔口吻说："本来你很有可能赢得冠军，但现在的样子看来几乎是没有希望了。那些佳丽们大都身材瘦削，颇具骨感美，婴儿肥正是你与众不同的风格，使你能够凸显出来。遗憾的是你没有看到自己的这一优点，反而去效仿他人，所以，你注定失败。"比赛结果果然不出所料。

当我们模仿别人的时候，也就否定了自己的价值。认识不到自己的价值，也不敢做真正的自己这已经成为阻碍很多人成功的根源。难怪教育学家安古罗·派屈曾说过："世上最痛苦的事，莫过于想做其他人，或者除自己以外其他的东西了。"只有做回自己，做真正的自己，你的价值才不会被轻易否定。

每一个人都是这个世界上独一无二的存在，这个标签是我们与他人区分开来的标志。而且，当今社会需要的是各种各样的人才，我们每个人都需要做自己，做更好的自己。这并不是自以为是、故步自封，而是针对个人的特性，能够展现个人才华、独特价值的方式，也唯有如此才能变得无可取代。

年轻时，玛丽·玛格丽从老家密苏里州走了出来，来到纽约这样的大都市，她当时的理想是做一名电台主持人。第一次上电台主持节目的时候，她尝试着模仿一位爱尔兰笑星。当时她的想法是，这位爱尔兰笑星很受欢迎,有很好的听众基础,如果自己能学习他的优点,便是通往成功的捷径。所以,很长一段时间里,她都在观察并模仿这位爱尔兰笑星的一言一行。当时,玛丽·玛格丽还窃喜自己想出这么绝妙的主意,但结果却惨遭失败,因为她的滑稽显得很刻板,完全不受欢迎。

后来,玛丽·玛格丽听到一位前辈说的话:"大家都愿意做二流的拉娜·透纳、二流的克拉克·盖博,而这是最让观众们无法容忍的套路。"她很受启迪。接下来,玛丽·玛格丽决定表现出真正的自我——一位来自密苏里州乡下的纯真朴实的姑娘。她的性格直率单纯,语言生动活泼,不少听众一下子就喜欢上了她,最终她成为纽约市最受欢迎的广播主持。再后来,当有人问及玛丽·玛格丽成功的秘诀时,她如是说:"我不可能成为任何人,保持本色才是我最大的成就。"

无独有偶,美国著名喜剧大师查理·卓别林也是历经艰辛才明白这一道理。

刚刚进入演艺圈的时候,卓别林最开始的想法是模仿当时一位成名已久的喜剧大师的表演思路。尽管在一段时间里,他绞尽脑汁、煞费苦心地学习和模仿,但是自己却迟迟没有突破和作为。在整个戏剧圈里,卓别林的名字同很多不知名的演员一样,湮没在庞大的从业人群中。后来,卓别林开始琢磨,能不能创造出属于自己的表演风格。于是,他给自己设置了这样一种鲜明的形象:肥裤子、破礼帽、小胡子、大头鞋,再加上一根从来都不舍得离手的拐杖,而且他的表演动作简洁明快、夸张生动。这种表演风格独特,又符合生活逻辑,让人百看不厌。观众很快就记住了他。

职场上,要想站住脚、升级快,就得拥有着独一无二的特点与能力,没有人能够取代。

你就是你,你不可能也没有必要成为别人。正如卡耐基告诫众人的道理:"发现你自己,你就是你,独一无二。记住,地球上没有和你一样的人……在这个世界上,你是一种独特的存在。你只能以自己的方式歌唱,只能以自己的方式绘画。你是你的遗传、你的经验、你的环境所造就的你。"

当你独一无二,世界会加倍赏你。

「你无法同时采两朵花的花蜜」

我们知道,一个人的精力是有限的,三心二意,或者一心两用,都是不行的。试想,一件事情应当用100%的心思才能完成,而你却在头脑里想着其他事情,注意力向四面八方分散,其结果不言而喻,不仅浪费了宝贵的时间,还凸显不出你的能力。

那些优秀的人是怎么取得成功的呢?这是很多人都渴望知道答案的一个问题,答案往往是多种多样的,不过有一点是可以肯定的,那就是匠人做事都很专注。专注是什么?专注是一种心无旁骛的认真,专心于眼前的事情,这通常也是解决做事效率低下等问题时最有效的能力之一。

还记得美国励志电影《阿甘正传》吗?它讲述了先天智能不足的阿甘一次次铸就人生巅峰的故事,也是专心引导成功的真实写照。

无论何时何地,阿甘都铭记妈妈的忠告:"专心一意做事。"在军队训练拆卸手枪的时候,那个黑人不停地说着自己的经历,阿甘则专注地做事,他把枪卸掉装好,黑人还没有卸好;赛跑时,阿甘什么都不顾,只是不停地跑,他跑过了儿时同学的歧视,跑过了大学的足球场,成为出色的国家运动员;打乒乓球时,阿甘就只盯着球,其他什么事情也不想,结果他成了"国手"……

为什么阿甘看似愚钝，却取得了远远超过实际能力的成就？原因很简单，他清楚地知道什么对自己更重要，他足够专注，不受任何内心欲望和外界诱惑的干扰，做事时能全身心地投入。可见，提高效率并不是一件复杂的事情，重要的是你能收住心，不让其他事情扰乱，一心一意去做事。

现实问题是，我们每天可能要面临许许多多的事情：接听响个不停的电话、接待客户来访、参加一个接一个的会议、参加朋友聚会、照顾家人等。面对这些忙碌的事情，我们很难做到专心致志，甚至需要在几件活动之间不断地换来换去，这就很可能导致手忙脚乱，把事情弄得一团糟。

怎么办？我们应该把自己想象成一只蜂蜜，春天会有成千上万朵花，但我们永远也没有办法同时采两朵花的花蜜，只能一朵一朵地采。

我们每一天都有许多事情要做，但即使工作任务再多，再繁杂，也要一件一件地进行，做完一件事情就了结一件事。全神贯注于正在做的事情，集中精力处理完毕后，再把注意力转向其他事情，着手进行下一项工作。如此，才有可能忙中有序，把事情处理得井井有条，让自己的努力更有价值。

萨利是一家快餐厅的服务员，由于这家快餐厅毗邻商务区，每天中午都是人潮汹涌，时间宝贵的上班族们都是争先恐后地点餐。对于服务人员来说，工作的紧张与压力可想而知。可柜台后面的萨利看起来一点也不匆忙和紧张，她身材瘦小，戴着眼镜，显得那么轻松自如，镇定自若。

"您好，请问您要点什么？"萨利一边倾斜着上半身，以便能倾听到对面女顾客的声音，一边飞快地填写点餐单。这时，有一个看起来很焦急的中年男子，快步走到萨利面前，试图插话进来。萨利态度坚决，但很客气地说道："您好，请您去后面排队。"然后继续和眼前这位女顾客说话："您只需要这些是吗？请您到用餐区等候。"

女顾客转身离开，萨利立即将注意力转移到下一位顾客。一会儿，刚才的女顾客又回头说："我还想加些东西。"这一次，萨利已经集中精神为眼前的顾客服务，她礼貌地对女顾客说了一句"请您稍等！"等到这位顾客满意地点点头，转身离开，萨利这才立即将目光转向女顾客，"请问您还要加些什么？"

餐厅评选"金牌服务员"时，萨利获得殊荣。有人问她："整天面对那么多的顾客，你怎么能够让每一个顾客都很满意，而且你看起来始终那么得心应手、轻松自如，你有什么好办法吗？"萨利笑笑，回答道："工作虽然忙，但这就是我的工作，我要认真对待。至于方法，没什么特别的，我只是专心服务一位顾客。忙完一位，才换下一位，在一整天之中，我一次只服务一位顾客。"

"在一整天之中，我一次只服务一位顾客"，这话堪称至理。俗话说"欲多则心散，心散则志衰，志衰则思不达"，在一件事上用了多少时间并不重要，重要的是你能否专注地去做。"一次只做一件事"，这可以使我们静下神来，心无旁骛，就会把那件事做完做好。

只专注于眼前的一件事上，一心一用地专心做事，这是一种能够提高自己工作效率和工作满意度的工作技巧，你专注的程度越高，你在工作中取得成绩的可能性也就越大，你的发展机会也就越大。千万不要像猴子掰玉米，三心二意、见异思迁，最终到头来一无所获。

「是否有一个目标，让你愿意为此付出一生」

人生最大的快乐不在于占有什么，而在于为目标付出的过程。

那么，为了目标你会甘愿付出什么呢？你愿意为此付出一生吗？

让我们先来看一个故事：

当查尔斯·狄更斯还是个小孩子的时候，有一次他跟随父亲外出旅游，他们经过肯德郡一处叫格德山庄的房子，那里高大、宽敞，墙上爬满枝枝叶叶，绿意盎然，几乎像仙境一般。狄更斯仰起头，用艳羡的眼光仔细打量着这个漂亮的府邸，嘴里发出啧啧的感叹："如果我们能住在这样的山庄里该多美妙！"听了狄更斯的话，父亲抚摸着他的头和蔼地说："孩子，只要你努力，你就能拥有它。将来有一天，你也能拥有这样漂亮的山庄。"从那时起，他就下定决心一定要住进格德山庄。

自从心里有了这个目标，狄更斯就有了彻底的改变，从一个不爱读书、调皮捣蛋的孩子变成了勤奋好学的学生。可是不久，家境日渐穷困，父亲负债入狱，一家人颠沛流离。为了生活，他不得不在工厂里做童工，白天在车间辛苦地劳作，晚上如饥似渴地读书。在困苦中，他一天天长大，生活的穷困并没有丝毫改善。但不管什么时候，遇到什么困难，他依然惦记着父亲的话和那所格德山庄。

再后来，为了实现自己的目标，狄更斯晚上在一间阴暗潮湿的房子里一边给人看仓库，一边不停地创作。他很像一列蒸汽火车，速度很快，而且准时，精力充沛而且一心一意向前走。就这样，他写出了《大卫·科波菲尔》《双城记》等许多脍炙人口的名著，成为享誉世界文坛的文学巨匠。在36岁那年，他终于买下了那座给了他无限动力的格德山庄，然后在自己理想的宫殿终老一生。

有些目标虽然看似遥不可及，但并不是没有可能会实现，只要你足够地努力，足够地强。当一个人为了目标而奋不顾身的时候，这时的他是最耀眼的！

或许，大多数时候你会羡慕有的人好像不怎么努力就可以过得很好，甚至你还会时常抱怨上天的不公平，为什么自己和别人一样上班工作，别人却可以过得比自己好。但你肯定不知道的是，在你熬夜看电视剧的时候，别人却在熬夜加班工作，努力提升自己。你也肯定不知道的是，在你用去了这么多时间来抱怨上天的不公平的时候，别人还嫌时间不够用，在抓紧时间进修和提高自己。

美璐来自西部山区的一个偏僻农村，她家境一般，却生性好强，希望将来能成为一名大学教师。大学报到时，辅导员把女生召集在一起，问谁觉得自己有能力来当军训期间女生的负责人，美璐第一个站出来推荐自己。军训期间，美璐尽可能地为班上同学服务，也与班上同学都混熟了，然后她毫无悬念地成为军训标兵。一个月的相处大家也还不是很熟络，但大家都认识美璐了，所以在不久后的班干部选举中，美璐又被推选为班长。她对班里的事情很上心，从不等着别人来催。

后来，美璐还去学生会面试，却被淘汰了。但是美璐没有放弃，她发短信给那些学姐问自己落选的原因，并且很诚恳地表达了她很期待能在学生会工作。学姐们觉得美璐态度真诚、决心又强，最后破格录取了她。美璐也没有让学姐们失望，在学生会工作期间，不管小事、大事都认认真真做，也进步得很快。大二她成了部长，大三她成了独当一面的主席。此外她跟学院团委的老师很熟，大家也都看到她的能力。在毕业后留校任教的人员评选中，美璐顺利通过。当别人四处找工作时，她已经顺顺利利开始任教。

当然，美璐的专业能力是不容小觑的。由于攻读的是汉语言文学专业，求学期间，美璐除了日常上课和事务之外，几乎天天泡在图书馆阅读国内外的名著，基本上每天的阅读量都保持在8万至10万字。任教后，她更是利用周末的时间在图书馆"进修"。在阅读与思考的过程中，她细细品味其中的精髓，模仿借鉴对自己有帮助的表达方式与论证逻辑，一开始她在校内的期刊上发表论文，再后来两次受邀参加省级学术会议，多次被评为"省级优秀教师"。谈到自己的经历，美璐娓娓道来："目标面前人人平等，越努力越幸运，事在人为，要让别人看到你发光的一面，关键还是要自己有能力有资本，唯有努力改变可以改变的，我们才能变得更好。"

命运永远厚待努力生活的人，外人眼中的天分往往是用更多时间的努力得来的。

所以，当你心中有一个明确的目标时，放下你的浮躁，放下你的懒惰，别再傻傻等待，去努力、去争取，不要害怕辛苦，一直为之奋斗。当你的目标足够强大，强大到让自己奋不顾身，这种强烈而充满自信的斗志，最终会给你引来好运，使你比别人更有可能达到事业高峰，享受美好人生！

「 成于敬业，毁于浮躁 」

这是一个不断加速的世界，人们的内心也变得越来越急躁。面对心目中的目标，我们恨不得马上冲上去实现；面对成功道路上的问题，我们恨不能马上就一劳永逸地解决。但是心急从来就不是解决问题的最好办法，这就好比一个人还没有学会走路就企图开始跑步，那最后肯定是要摔跟头的。有这样一个故事：

有一位法术高明的魔法大师，他有一把神奇的扫帚，只要他念起咒语，这把扫帚会变成人形，帮忙做许多家务。一个小男孩天生就喜爱魔法，一次偶然的机会，他见识到了魔法大师的本事，便再三请求拜其为师。魔法大师见小男孩一脸的天真烂漫，又诚意十足，便答应了下来。接下来的每一天，魔法大师都会教小男孩一些基本功，比如站立的姿势、意念的控制、手的运用等等。没多久小男孩就不耐烦了，他觉得学习这些没用，便偷偷跟着师父学习念咒语，希望能快点可以指挥那把神奇的扫帚。

有一天，魔法大师出门到乡下去了，小男孩偷了师父的魔法帽，学着师父的样子念起咒语来,命令扫帚替他去把水缸灌满水。扫帚果然行动起来了,提起水桶,一跳一跳地向门外走去。不一会儿,扫帚就提来了水,倒进水缸里。小男孩甭提多高兴了,可是水缸里的水满了,扫帚还在继续往里倒水。"够啦,够啦!"小男孩大声地嚷道,但是扫帚不理他。他努力地施展魔法,但由于基本功没学好,并不能很好地控制扫帚,扫帚还是一直不停地倒水。就这样,屋子里的水越涨越高,先是没过了小男孩的膝盖,后来又没过了小男孩的胸部、肩头,小男孩大喊救命,但是无济于事。

幸运的是,这时魔法师回来了,他念起了咒语,扫帚停下来了,水也退去了。小男孩在师父面前惭愧地低下了头。

俗话说"成于敬业,毁于浮躁",即一个人一旦被浮躁控制,不管他的工作条件多么好,交付他的工作多么简单,他也很难全心全意投入工作,心浮气躁,好高骛远,急于求成,耐不住性子,东一棒槌西一榔头,而所有试图快速解决问题的方案到头来都会被证明是一场闹剧。

饭要一口一口地吃,路要一步一步地走。成功往往不会一蹴而就,而是需要一连串的奋斗,同样每一项工作都有其特定的技能,任何人都是需要经过一定时间的学习才能成为一名合格的技术人员的。比如,木匠通常需要学习够三年时间才算出徒,还得通过师父的考试,通不过的可能五六年都出不了徒。

在这个人人急于求成的时代,企业领导者从来没有什么时候像现在这样青睐和欣赏那些不为外界纷争所扰,能够心态平和,不急于求成,肯付出更多努力的员工,并愿意给他们更好的待遇、更多的机会。一个人也只有沉下心来,踏踏实实做好工作,才能做出不俗的成绩,提升自我的价值。

在《我在故宫修文物》的纪录片中,钟表修复组的王津也火成了"网红",更是被网友评为:谦谦君子,故宫男神。

1977年,16岁的王津来到故宫工作。等他进了宫,才发现和想象中完全不一样。办公室并不在气派宏伟的大殿，也不在浓荫匝地的小院，而是在旧日皇宫的辅助用房里，平平板板、普普通通。为了解决办公室拥挤的问题，他们甚至在彩钢活动板房里坚持了几年。工位每人两平方米不到，一个个挤在一起。当时的师父告诉他，这份工作一定要戒骄戒躁，起码三年以上才算合格。

一遍遍敲击检查零件聆听机械的撞击脆响，一次次拧紧松掉的螺帽，弄点铜丝，粗的细的，锉个销子之类，重复的工作虽然枯燥，但王津并没有能应付就应付，能推诿就推诿，而是真正沉下心来，俯下身子，戒骄戒躁，脚踏实地地去做好这份工作。这一修，就是近40年，而且日日如此，风雨不误。

王津数不清楚自己到底修过多少座钟，只一个概数：40年两三百座。但是经手的每一座钟，一提名字，基本当年修了哪儿，他都记得清清楚楚，而且饱含着一种深情。有观众称赞这是一种工匠精神，王津则坦言，还有五年他将退休，经手的钟表能修一件算一件："故宫院藏的钟表都是精品、孤品，我们一辈子可能只修复一次，碰上了就是缘分，不管花多大力气也要把它修好。"

置身于日新月异的时代中，浮躁时刻影响着我们的思维、判断，乃至行动，每一位职场人士都应该平息内心这股浮躁之气，提升定力，让自己深入内在，沉下心来踏踏实实做好工作，从而在平凡的岗位上做出不平凡的成绩，在客观上给自己创造一种机遇，为自己的人生带来不一样的改变。

「 凡事浅尝辄止，最终一事无成 」

当你做出了一个决定，就请不要回头，因为那是你的选择。当你为自己的选择付出全部，并且坚持到底的话，那么就可以看到成功的到来。

职场上有这样一种人，谈起职业理想总是侃侃而谈，可是谈到最后的结果的时候，却总是抱怨："我没有人家的实力和本事，只能做一个普通的人。"其实，这些人缺少的不是实力和本事，而是缺少一种坚持的精神。不管你将梦想和未来描绘得多么美好，如果你总是浅尝辄止的话，最终只能一事无成。

一个私人的生物研究所里，两个研究人员正为一个成功研究出来的项目的奖金问题在投资方面前争吵不休。

项目的研究本来是给A的，但是经过一段时间的研究之后他发现不管自己怎么努力，研究都好像卡在一个瓶颈上，进行不下去，所以他只好找到研究所所长，将项目暂停，时间一长，他自己就将研究的事给忘了。这时候，B提出自己想出了突破难题的办法，重新研究这个项目，原来当时B是A的助手，A的每一步研究他都看到了，所以对项目的进度也非常了解，在A遇到瓶颈之后B也一度陷入迷茫，但是项目不得不停止之后，B的研究却没有停止，他经常一个人走进项目研究室，继续潜心地研究，仔细地进行分析，终于用另外一种方法将项目研究出来了。

当项目上报的时候，A和B就因为这件事起了争执，A说如果不是自己前期的潜心研究，B根本不可能成功地研究出来，B则反驳表示自己并不是用A的研究思路进行的，所以成果应该完全属于自己。看着眼前不断争吵的两人，投资方打了个噤声的手势，他说："你们不要争了，奖金是B的，因为不管A你多么努力，但是你最终还是没有坚持下去，你提供的研究资料都是很浅显的，这不是我想要的结果，而B，不管他用的是什么手段，只要他能给我我想要的，我就会给他他想要的。"

很多员工在看到同事成功之后会不屑一顾，甚至会说如果不是先前将工作完成到什么程度，他是绝不会成功的，然而事实是，不管差多少你都是差了一点，那么成功的就不可能是你了。没有一个老板在看待一件事情的时候会分前半部分是谁做的，后半部分是谁做的，他关注的永远只是结果。

结果胜过一切，就意味着以"成败论英雄"，这是市场竞争的要求，无论我们选择忽视还是抗拒，都改变不了这样一个事实：结果是决定我们的企业生存发展的决定因素。如果没有完美的结果，执行过程再怎么曲折动人也不过是赚取人们同情的眼泪罢了，无助于改变失败的结局。

所以，如果你渴望成为一名不可或缺的价值型员工，就要树立结果心态，对于结果不是"想"而是"一定要"。越是困难的时候，越是要坚持不懈。当你总能坚持做到结果的时候，你就是一个能给公司创造利益的员工，也就是领导觉得应该重用的那个人。

「只要不停止前进，再慢也能成功」

世界上能登上金字塔尖的生物只有两种：一种是鹰，一种是蜗牛。

为什么鹰可以？因为它天资奇佳，搏击长空。

为什么蜗牛可以？因为它自知资质平庸，所以更加勤奋，永不停息。

这个世界上，每个人都期待做一只凌空飞翔的雄鹰。但很多时候，我们不得不承认，现实是残酷的，不是每个人都是天才，有时我们甚至比别人愚笨。怎么办？没有雄鹰的天赋，就必须具有蜗牛般的毅力。即使是做一只蜗牛，只要慢慢爬行、永不停息，终究可以留下奋斗的足迹，爬向成功的彼岸。

这是因为，一个人成功与否，固然与环境、机遇、天赋、学识等外部因素相关联，但更重要的是自身的勤奋与努力。一分耕耘一分收获，勤奋使平凡变得伟大，使庸人变成豪杰。古今中外，那些意气风发的成功者，无不是勤奋刻苦的楷模，是勤奋铸就了他们内心的力量，促成了他们生命的辉煌。

例如，张溥抄书抄得手指生茧，终于写出了《五人墓碑记》这一千古流芳的名篇；李白拥有"铁杵磨成针"之勤，读书读得口舌生疮，故能斗酒诗百篇；杜甫有"读书破万卷"之勤，所以"下笔如有神"；王羲之日日临池学书，以致染黑了池水，后因"矫若惊龙"的隶书而被尊称"书圣"……

有志者事竟成，十年磨剑，蓄势待发。

这其实很好理解，伟大的成功和辛勤的劳动是成正比的，付出多少，相应地就会有多少回报。越想成就一番大事，所要选择的道路就越发艰难。成功只有少数人才能拥有，这是对多流汗、多费心的回报。因此，如果你想在工作中出人头地，这里一个重要途径就是要勤奋，肯下苦功夫，肯脚踏实地。

一时勤奋并不难做到，但要一生勤奋却不是一件很容易的事情。因为，勤奋是一种持之以恒的精神，需要坚忍不拔的性格和坚强的意志，需要数年如一日地付出心血和汗水，需要时刻克制自己偷懒的思想，这一点只有具有工匠精神的人才能够真正做到，他们也因此能够书写下生命的辉煌。

尼科罗·帕格尼尼的奋斗史就说明了这个道理。

帕格尼尼是意大利小提琴演奏家、作曲家，著名的音乐评论家勃拉兹称帕格尼尼是"操琴弓的魔术师"，歌德评价他"在琴弦上展现了火一样的灵魂"。记者问帕格尼尼："您取得成功的秘诀是什么？"帕格尼尼回答："勤奋。"无论是在哪里，他都是以勤奋而闻名。

帕格尼尼的父亲是小商人，没受过多少教育，但非常喜爱音乐，他聘请了一位剧院小提琴手教帕格尼尼拉琴，那时帕格尼尼刚满七岁。在同龄人们耽于玩乐时，帕格尼尼每天早上九点钟开始在家练习拉小提琴，一直到下午五六点钟才结束，他从不偷懒，勤勤恳恳，以至于就连做梦都在拉琴。就这样，帕格尼尼练就了娴熟的小提琴演奏技法，12岁时他把《卡马尼奥拉》改编成变奏曲并登台演奏，一举成功，轰动了舆论界。

之后，帕格尼尼开始跟着许多不同的老师学习，包括了当时最著名的小提琴家罗拉和指挥家帕埃尔，他依然每天大约用12个小时练习自己的作品。从1801年起的五年间，他隐居了起来，但是他并没有停止自己的创作，这一时期他完成了《威尼斯狂欢节》《军队奏鸣曲》《拿破仑奏鸣曲》等六首小提琴作品，并创造了小提琴与吉他合奏的奏鸣曲，大大丰富了小提琴的表现力。

1825 年后，已经功成名就的帕格尼尼大可在家享受生活，但是他对待事业的勤勉丝毫没有消减，他往返于欧洲各地举行演奏自己作品的音乐会，1828 年奥地利维也纳，1831 年法国巴黎和英国伦敦，1839 年马赛，然后去尼斯，这些演出均引起了轰动，也奠定了他国际演奏大师的地位。

学乐器的人是世界上最为勤奋的群体之一，他们的勤奋不是一时，而是一生。可以想象，如果心中没有一个强大的精神支柱，可能谁也坚持不了 50 年。帕格尼尼 50 年如一日地勤练小提琴，将勤奋发挥得淋漓尽致，最终印证了爱迪生所说的话："天才是百分之一的灵感，百分之九十九的汗水。"

扪心自问，你是否像尼科罗·帕格尼尼那样勤奋学习，勤奋探索，勤奋实践，数年如一日地付出心血和汗水吗？请记住，也许你和你的工作都很平凡，但只要你能自律地勤奋起来，就有机会脱离平庸，朝着优秀迈进，终会欣赏到金字塔顶的美丽风景。不过，厚积薄发是一个漫长的经历，慢慢来吧。

「 优秀都是"熬"出来的 」

你想让自己变得优秀吗？

相信对于大多数人来说，答案是肯定的。因为，当一个人越是优秀的时候，自我价值越高，在职场上的成就越大。但并非人人都能如愿以偿，毕竟在通往优秀的道路上，不可避免地要有挫折、有磨难、有痛苦、有屈辱，那是一段异常艰难的时光，不是每个人都能忍受这其中的煎熬。

在一本关于世界奇特植物的书籍中，记录着地中海东岸沙漠中生长着一种蒲公英。这种蒲公英的奇特处在于它不是按照季节来舒展自己的生命的，如果天空不下雨水，它们就一直都不开花，直到枯死。但只要有一场雨落下来，哪怕雨量再小，它们都会抓住这一难得的机会，迅速张开自己的花瓣，并抢在雨水被蒸发干之前，做完受孕、结籽、传播等所有的事情。

由于其独特性，这种植物受到了当地人们的喜爱，中东地区的居民常将它作为礼物送给亲友。犹太人就有这样的习俗，他们常把它赠送给拥有智慧而又贫穷的人。中东地区的居民之所以送人蒲公英，是因为只要把它埋在花盆里，浇上水就会开花。犹太人则认为，在这个世界上，穷人发展自己、提升自己的机会就像沙漠里的雨水一样少，但是他们只要拥有了像沙漠里蒲公英这样的品性，能够坚韧地生长，默默地等待，等到机会来时就紧紧抓住，就一定能够取得理想成就。

所以，千万不能只寄希望变优秀，你需要依靠一股熬劲才行。

"熬"字听起来很艰难，但这不是要你头悬梁锥刺股，你也无须上刀山下火海，只要拥有一种持久的恒心，一份坚定的信念。就像熬药、熬粥、熬汤那样，慢慢地熬，耐心地熬。"熬"的过程可以增强我们的心智，练就隐忍、沉稳与坚韧。

来看看丹·波特带领 OMGPOP 走向成功的故事就知道了。

早些年有一个名为 I'm in Like With You 的网站，这是一个供用户交流和玩游戏的社交网络，用户们可以在这里发布聚会和八卦消息。后来，美国人狄更斯·福尔曼将该网站转型为专业的游戏站点，改名为"OMGPOP"，并聘用朋友丹·波特为 OMGPOP 的首席执行官。尽管公司位于时尚之都纽约，尽管福尔曼和波特非常年轻，成立六年来 OMGPOP 公司一共融资 1700 万美元，开发了 35 款游戏，但是他们的运气似乎总是差了一点，这个游戏站点没能获得主流用户的认可。与公司的前期投入相比，公司收回来的涓涓细流简直就是杯水车薪，只能在不温不火、垂死挣扎中匍匐前进。

眼看公司很可能被迫关门，福尔曼离开了OMGPOP另谋发展，波特则选择继续留在公司，他组织起一个五人团队，每天进行游戏研究，甚至走在街上、待在家中都在思索如何才能开发出一个好游戏。后来，看到儿子和朋友来回抛接球100次而没有落地，波特突然有了一个开发灵感。根据这个创意，波特开发出了一款名为《你画我猜》（Draw Something）的游戏。三个星期之后，这款游戏跃升到50多个国家各种应用分类的首位，今天《你画我猜》的下载量已经达到了1000万次，每天有600多万的活跃用户，OMGPOP也因此而摆脱多年的低迷状态起死回生。

后来，谈及自己获得成功的原因时，波特不无感慨地回答道："游戏行业就是这样，有时即便你投入了大量的资金，也可能不会有什么成效，这就需要我们有钢铁般的意志，耐得住漫长的等待和煎熬。对于OMGPOP，年龄所带来的经验正是其获胜的优势之一，很高兴我们坚持下来了。在我看来，这世上并没有所谓的成功经验，如果非要说，成功经验就一条——熬出来。"

再来看一个故事：

有个人在政府机关工作了十多年，永远只是个秘书。因为他不是行政编制工作人员，别人发奖金，他没有；同事们都升官了，他原地不动……他一直不慌不忙、不温不火地做自己该做的事情，从一个风华正茂的小青年，变成一个年近40的中年人。现在，政府里的一位主要领导准备提拔他当局级干部。有人质疑他能不能领导好一个局，有没有这个能力？该领导回答道："我说他有的，他有这样的定力，这样的熬功是多么强大的意志力，还有什么困难能击倒他、打败他？"

那一段时光，生活窘迫又怎样，环境不好又怎样，困难再大又怎样，一再磨炼自己的意志力，找到自己身上强大的力量。"熬"的精神就是这样一种从量变到质变的过程，是一个价值创造的过程。所以，学着默默承受吧，熬过一段艰难的时光后，你想要的一切，必会在合适的时候实现。

第三篇 | 话说美：
圆融的说话艺术

◇ 第十一章　说话讲礼貌，嘴上有口德
◇ 第十二章　到什么山唱什么歌，见什么人说什么话
◇ 第十三章　赞有赞法，批有批招
◇ 第十四章　不尴尬地拒绝，不抵触地化解
◇ 第十五章　你说得动听，才有人愿意听

第十一章
说话讲礼貌，嘴上有口德

「 礼多人不怪，话美人人爱 」

初次见面的第一句话，决定着留给对方的第一印象。这句话说好说坏，关系重大。说第一句话的原则是：亲切、贴心、消除陌生感。常见的有这么三种方式：

第一，攀认式。

赤壁之战中，鲁肃见到诸葛亮的第一句话是："我，子瑜友也。"子瑜，就是诸葛亮的哥哥诸葛瑾，是鲁肃的挚友。短短的一句话就定下了鲁肃跟诸葛亮之间的交情。其实，任何两个人之间只要彼此留意，就不难发现双方有着这样或那样的"亲""友"关系。

例如："你是××大学毕业生，我曾在××大学进修过两年。说起来，我们还是校友呢！"

"您是体育界老前辈了，我爱人可是个体育迷。你我真是'近亲'啊！"

"您来自苏州，我出生在无锡，两地近在咫尺，今天得遇同乡，令人欣慰。"

第二，敬慕式。

对初次见面者表示敬重、仰慕，这是热情有礼的表现。用这种方式必须注意掌握分寸，恰到好处，不能胡乱吹捧，不说"久闻大名，如雷贯耳"之类过头的话，表示敬慕的内容也应该因时因地而异。

例如:"您的大作我读过多遍,受益匪浅。想不到今天竟能在这里一睹您的风采。"

"桂林山水甲天下。我很高兴能在这里见到您这位著名的山水画家。"

第三,问候式。

"您好"是向对方问候致意的常用语。如能因对象、时间的不同而使用不同的问候语,效果则更好。对德高望重的长者,宜说"您老人家好",以示敬意;对年龄与自己相仿者,称"老×(姓),您好",则显得亲切;对方是医生、教师,就称"李医师,您好""王老师,您好",有尊重意味。节日期间,说"节日好""新年好",给人以祝贺节日之感;早晨说"您早""早上好"则比"您好"更得体等。

那么,话说完了,善始还得有善终才行,怎么办?常见的有以下几种收尾方式:

第一,关照式收尾。

"刚才我讲的一些话,是一些不成熟的看法,我觉得不必让他人知道,请你不要传出去,以免引起麻烦……"

"小张,我要讲的都讲了,全是心里话。有关小王的事你千万不要告诉别人,不然会闹出大乱子来的。"

这种收尾方式,是交谈双方说完了自己的思想、意见或流露了某些内心意向之后,觉得谈话中的有些话和问题带有范围性、对象性、保密性和重点性,当交谈即将结束时,就关照对方不要将其中的某些话张扬出去,或关照哪些问题重要时,就应该说明。

这种关照式收尾有一种提醒注意、防患于未然和强调重点的作用,能使交谈的对方增进了解和增强"使命感""责任感"。

第二,征询式收尾。

交谈行将完毕,主谈者根据自己的"谈话使命"综合"交谈情况",即目的与交谈后的吻合情况向对方征求意见、说明、要求或建设性的忠告、劝诫,等等,这就是征询式收尾。

例如:"××,随着我们接触的增多和了解的深入,你一定察觉出我有许多缺点,你觉得我最糟糕的'毛病'是什么?希望你下次开诚布公地提出来。"

"××,我不懂得'恋爱艺术',我只想对你说一句话,在你面前的这个人,他愿意爱你一辈子,不知你的想法如何?"

当你与下属交谈工作结束时,你应说:"你还有别的什么要求和意见吗?"

"你生活上还有困难和要求吗?只要有可能,我们将尽力帮助解决……"听者也应同样征询对方:"除了工作之外,你对我还有其他意见和看法吗?如果现在想不起来,日后尽管提……"

在交谈艺术中,征询式的收尾往往给人以谦逊大度、仔细周到和深沉老成的印象。运用征询式收尾,对方听了无疑有一种心悦诚服、倍感亲切的感觉,从而取得关系融洽,有利于事业进展的良好效果。

第三,道谢式收尾。

道谢式收尾在交谈艺术中具有较强的礼节性,它的基本特征是通过讲"客气话"作为交谈的结束语和告别话。道谢适用的场景和对象是最广泛的,无论是上下级、同事、亲朋,还是邻舍以及初交者之间都是适宜的。

如果一次朋友式的思想启迪性交谈行将结束,谈者可用"听君一席话,胜读十年书","你对我学习上的帮助和生活上的关怀,我感激不已"结束。

"赵先生,在您的悉心指导下,我明白了自己的责任,我一定按您的指教去做。谢谢您了,再见!"

第四,祝愿式收尾。

这种收尾方式的特点是,不仅具有较强的礼节性和情趣性,还具有极大的鼓动力,如再加上适当的口语修辞,它的效果无疑会非常显著。

如:"再见吧,路上保重。祝你一帆风顺!"

"时间不等人,生活就是拼搏,抓紧时间抓紧干,就等于延长生命。我祝愿你是这样一个人,再见!"

"一个伟大的男子就应该具有不凡的气概。只有经得起磨难,才能砥砺出刚强的锋芒……让我们都成为这样的男子吧！再见！"

第五，归纳式收尾。

归纳式收尾通常多出现在上下级之间非形式性的交谈，或同事间或亲朋间工作性交谈中使用。

主谈者："小马，我今天谈的主要问题，一是咱们团委对新形势下出现的一些问题如何做出正确的估计和怎样引导、转化；二是关于共青团发展工作的经验，我们得好好总结一下。这是局团委要求我们马上做的，这两件事我事先同你打个招呼，我们都考虑一下……""丁明，听了你的情况介绍后，我觉得问题的关键是第一点，我们是做他人思想工作的，如能统一人心，其他问题也就迎刃而解了……"

亲朋之间则可以这样进行："表弟，我刚才谈的三件事，你一定得一件件去落实，我等待着你成功的喜讯……再见。"

无疑，交谈中的归纳式收尾，由于条理清晰、中心突出，这样双方交谈的目的、内容、思想和意见就能交流清楚，从而达到言简意赅、重点突出、明朗爽快的效果。

第六，邀请式收尾。

邀请式收尾的基本特征是运用社交手段向对方发出礼节性邀请或正式邀请。

如"客套式"邀请："如果您下次路过北京，请到我们家来做客。再见！"

如正式邀请："今天我们就说到这里吧，后天下午五点钟请你到我们家吃顿便饭，那时我们再长谈吧。再见！"

上述这两种邀请式收尾语，在社会交际中都是必不可少的。"客套式"邀请也是一种礼节；正式邀请更是一种友好和友谊的表示。运用这种结束语，无疑是符合社交礼仪的。

结束交谈的表达和方法多种多样，只要我们能够驾驭情境，正确审视对象，选择得当的话语，交谈结束时不仅会非常得体、有趣，还会余韵犹存，感人至深。

「 简明扼要，条理分明 」

欧阳修写作非常注意文章的平易流畅，简洁洗练。他的散文名作《醉翁亭记》，开头一句仅用"环滁皆山也"五个字，就把滁州的自然环境描绘出来了。

有一次，欧阳修和两位朋友在街上散步，看到一匹脱缰的奔马踏死了一只狗。他提议，看谁能把这件事最简练地记述下来。一位朋友想了想说："有犬卧于通衢，逸马蹄而死之。"用了12个字。另一位朋友说："有马逸于街衢，卧犬遭之而毙。"也是12个字。欧阳修嫌他们说的不精练，只用了"逸马杀犬于道"六个字，便表述清楚了。两位朋友听了都很佩服。

欧阳修为了使文章言简意赅，常把文稿贴到卧室的墙上，反复推敲、修改，"为求一字稳，耐得半宵寒"。直到晚年，他还是这样认真写作，至今为人们所称道。我们在日常说话时，也要力求简洁，以突出主题，引起别人的兴趣。具体可参考如下建议：

第一，片言以居要，一目能传神。

人们在交流思想、介绍情况、陈述观点、发表见解时，为了使对方能够很快地了解自己的说话意图，领会要领，往往使用高度概括、十分凝练的语言，提纲挈领地把问题的本质特征表达出来，以达到一语中的、以少胜多的效果。不少领袖人物都具有这种能力，他们善于把握形势，抓住问题的症结，且能用准确精当的语言加以概括表达，其作用和影响非同一般。美国第16任总统林肯，在一次溯江视察途中与同船的船员们握手时，有一位工人却缩着手，腼腆地面对总统说："总统，我的手太脏了，不便与你握。"

林肯听后笑道:"把手伸过来吧,你的手是为联邦加煤弄黑的。"短短一句话,听似极为平常,却高度概括,得其要领,充满感情。

事实上,不管世事多么复杂,不管产生的思想多么深奥,说到底,就是那么一点或几点经过概括和抽象了的认识。而这些要求是精华、是本质,只要抓住它,就能提纲挈领、一通百通,产生"片言以居要,一目能传神"的效果。恩格斯曾说:"言简意赅的句子,一经了解就能牢牢记住,变成口号。"

第二,长话短说,无话不说

由于客观环境的限制,有时由不得你长篇大论、侃侃而谈,只能三言两语、述其概要。例如,在战场上、在抢险工地等各种危急关头,甚至是一对情侣在汽笛已经拉响的月台上话别,谁也来不及去高谈阔论。

在这种情况下,唯简明扼要的话语,才能显示其特有的锋芒。

在紧急关头作长篇大论,则可能带来严重后果。

1812年英美战争全面爆发前夕,美国政府召开紧急会议讨论对英宣战问题。会上,一位议员的发言竟从下午持续到午夜,而这时会场上大多数议员早已进入梦乡。

结果,当另一位议员又急又怒地用痰盂掷向发言者头上才结束这次发言并通过决议时,而英国人已经打到了美国人的家门口。

不难想象,这种"马拉松式"的发言,超出了听众心理承受的能力,让人无法接受是一方面,贻误战机所造成的损失更是难以计算。为了制止冗长的发言,现在不少国家采取了一些绝妙的措施。美国南部一些地区规定,发言人讲话必须手握一块冰,他讲多久,就握多久。非洲有一个民族,规定讲话时只允许一只脚站地,当这只脚站累了,另一只脚落地时,讲话就被终止。在生活节奏日趋加快的今天,这些做法是颇值得借鉴的。

第三,通俗明快。

简洁的语言一般都很通俗明快,如果追求辞藻的华丽、句式的工整,则必然显得拖沓冗长。

要使自己的语言简洁洗练，就要使自己的语言"少而准""简而丰"，重要的是要培养自己分析问题的能力，学会透过事物的表面现象，把握事物的本质特征，并善于综合概括。在这个基础上形成的语言交流，才能准确、精辟，有力度、有魅力。同时还应尽可能多地掌握一些词汇。福楼拜曾告诫人们：任何事物都只有一个名词来称呼，只有一个动词标志它的动作，只有一个形容词来形容它。如果讲话者词汇贫乏，说话时即使搜肠刮肚，也绝不会有精彩的谈吐。此外，会"删繁就简"也是培养说话简洁明快的一种有效方法。

古代有一首《制鼓歌》，原文仅16个字："紧蒙鼓皮，密钉钉子，天晴落雨，一样声音。"后来有人将其压缩为12个字："紧蒙皮，密钉钉，晴落雨，一样音。"更有大胆者将其删后留下8个字："紧蒙，密钉，晴雨，同音。"从表述的意思上说，这8个字与16个字相比，丝毫不逊色。

需要一提的是，简洁绝非"苟简"，为简而简，以简代精。简洁要从实际效果出发，简得适当，恰到好处。否则，硬是掐头去尾，只能捉襟见肘，挂一漏万，得不偿失。应该承认，任何事物都具有两重性。简短的语言有时很难将复杂的思想感情十分清晰地表达出来。与人交往，过简的语言则有碍相互间的了解，有碍心灵的沟通。简短也是相对的，不是绝对的。邹韬奋先生在公祭鲁迅先生的大会上只讲了一句话，短得无法再短，而恩格斯在马克思墓前的演说长达15分钟，却也是世所公认的短小精悍的演讲。总之，简短应以精当为前提，该繁则繁，能简则简。

第四，适时表达诚意和感动。

只要是真实可信的说话内容，加上热心诚恳的说话方式，说话交际就能达到理想效果，正如谚语所说："有了巧舌加诚意，就能够用一根头发牵动一头大象。"

所谓"精诚所至，金石为开"。如果自己本身都意未明、情未动，言不由衷，怎么去表情达意呢？如果说诚意所要求的着眼点是内容，那么热心所要求的重点就是在语言的表达上。"情自肺腑出，方能入肺腑。"只有深切的热诚，才能唤起别人的热诚。说话要有感而发，主要目的在于晓之以理，动之以情。

热诚的具体表现是多方面的，其中之一就是对他人的尊重和说话时的礼貌。人与人相处，除了道德和伦理上的意义之外，还有其特殊的含义，而且这种含义直接关系到自己或公司在大众心目中的形象和声誉，与公共关系目标的实现紧密相关，因此，如你身为公关或服务人员，就必须更注重诚意的表达。

1952年，艾森豪威尔竞选美国总统，年轻的参议员尼克松是他的副总统搭档。

正当尼克松为竞选四处奔波时，《纽约时报》突然报道尼克松在竞选中秘密受贿的丑闻，消息不胫而走，给共和党的竞选带来极为不利的影响。为摆脱困境，共和党花了数万美元，让尼克松利用媒体向全国选民作半个小时的公开声明。

很显然，能否澄清事实，取得选民认同，此举是关键。当时，全美国有64家电视台、700多家电台把镜头和麦克风对准了尼克松。而尼克松万万没有料到，当他走进全国广播公司的录音室之前，被告知助选的高级顾问已决定要他在广播结束后提出辞呈。

这意味着共和党和艾森豪威尔已经在最关键的时刻抛弃了他。

于是，尼克松只好采取了一个在政治史上少见的行动：他把自己的财务状况全部公之于众，首先公布了其个人财产情况，再公布负债情形。

就这样，尼克松争取到了选民的同情，接着他就详细地说明自己的经济状况，连同怎样花掉每分钱都如实地告诉大众，这几乎是每天发生在大家身边的事，听来那么熟悉，那么真切可信。

最后他满怀感恩地说:"我还应该说的是,我太太帕特没有貂皮大衣……还有一件事,也应该告诉你们,获得提名之后,我们确实收到一件礼物。德克萨斯州有一个人在收音机中听到帕特提到我们两个孩子很想要一只小狗,就在我们这次出发作竞选旅行的第一天,通过巴尔的摩市的联邦车站送来一只西班牙长耳小狗,带有黑白两色的斑点,我六岁的小女儿西娅给它取名叫切克尔斯,她非常喜欢那只小狗。现在我只要说明这一点,不管别人说什么,我们都要把它留下来。"

就这样,连尼克松自己都没有想到,他的演讲获得了巨大的反响。当他走出录音室时,到处是欢呼声,有数百万人打来了电话、发来电报或寄来信件,几乎每个著名的共和党人都给尼克松发来赞扬的函电,从邮局汇来的小额捐款就达六万美元。

就这样,事实澄清之后,尼克松反而赢得了大批的同情选票。

后来,人们评论尼克松这次演讲成功的关键,在于他的演说具有两大特点:一是"真诚",二是"淳朴"。

当时,处于绝望边缘的尼克松,竟然不考虑以副总统候选人的身份,而是以一个普通人的形象出现在公众面前,与大家话家常,而他讲述的生活细节富有人情味,所以才能打动听众的心,获得他们的信任。尼克松的获胜,可以说是"诚意策略"最成功的例子。

古今中外有无数被传为美谈的沟通趣事,从各个层面来看,诚实的语言不仅能带来成功,还带来神话般的奇迹;反之,如果一个人不遵循在语言上"诚能感人"的原则,就会失信于众,轻则影响个人的形象和声誉,重则危及组织的前途和生存。

因此,所有有远见卓识的人,必须把"诚"视为处世成功的基础,别再耍一些弄虚作假的手段,投机取巧和巧言令色的面具总有一天会被揭穿,虚情假意永远逃不过人们的眼睛,因而也是永远说服不了大众的。

第五，有理、有据、有节。

口才是手段，说话者有其目的，我们不能为了获得好的称赞，或为了营造融洽的谈话气氛而一味地让步。无原则的让步，可能会牺牲自己的利益，丧失自己的尊严，不坚持自己的立场，这些都是不正确的，说话也要讲究有理、有据、有节。

"有理"指的是要讲真话，在管理者和下属的沟通中，认知和感情上完全不一致或是完全一致的情况很少，有时你的高层领导者说的话、提出的问题是你所不能接受的，这时要敢于表达自己的真正立场、观点或想法。

宋朝时，有一位青年乐善好施，喜欢四处游学，机缘巧合之下认识了微服出巡的皇帝。皇帝心血来潮，写字画画去卖，只可惜水准实在不高，这位青年告诉皇帝，他的画只值一两银子，皇帝听了很生气，但也不方便当场发作。

第二年，这位青年进京赶考，高中状元，在觐见皇帝时才发现，原来当年卖画的人竟然是皇帝。皇帝也认出了他，再次拿出当年只值一两银子的那幅画问道："你认为这幅画价值几何？"

这位状元赶紧上前一步说道："这幅画如果是陛下送给为臣的，那就价值万金，因为无论陛下送的何物，对为臣来说，都是无价之宝，但如果拿去卖的话，这幅画就值一两银子。"

皇帝听了，不禁拍掌大笑，知道自己有了一位才学渊博、品行端正的忠心之臣。

在任何时候，都应得体地表达自己的真实想法，站在"理"字这边。

"有据"，指的是说话要有依据，要有出处，要用事实和数据说话，不要无中生有、胡编乱造，更不能歪曲事实。

另外，我们在与人说话时，还要"有节"，也就是要有自我控制能力，说话要有分寸，什么话能说，什么话不能说；什么该说，什么不该说，都要在脑子里过一遍。控制住说话的节奏和主次，不多话、不乱说、不散播流言。要知道，每个人都有自己的利益、立场、观点和看法，也许对方的见解、主张与你不同，这时一定要保持冷静，寻求沟通，以达到互相理解。

有的时候，也许有人会故意贬低你，向你挑衅。这时候，你就更应当保持冷静，思考反击对策，否则，你就上了对方的当了。所以，"有节"还体现在控制好自己的情绪和语言上，否则，很容易在"心不平、气不和"的情况下口不择言，往往一语伤和气、一语断交情、一语致离婚，甚至一语断前程。

另外，在说话内容和节奏上也要有控制，知道什么时候该说，什么时候该保持沉默。与人谈话时，不要只自己说，还要学会听、学会观察。

「 认真倾听，不乱插话 」

在别人说话时，我们不能只听到一半或只听一句就装出自己已经明白的样子，更不要在别人话说一半时就抢话，因为：一是贸然打断别人说话很不礼貌；二是别人话还没说完，到底是什么意思还不明确；三是显得自己很不自信，担心别人的结论对自己不利。

我们许多人过分相信自己的理解和判断能力，往往不等别人把话说完就中途插嘴，这种急躁的态度很容易造成损失，不仅弄错了问话意图，还有失礼貌。当然，在别人说话时一言不发也不好，在对方说到关键的时刻或者说完后，若你只看着对方而不说话，对方会感到很尴尬，他会以为自己没有说清楚而继续说下去。所以，我们提倡在听别人说话时，要不时做出反应，如附和几句"是的"等话语，这样既让说者知道你在听他说，又让他感觉到你的尊重之意，使他对你产生浓厚的兴趣。这样做既是出于礼貌和对他人表示尊重的需要，也是锻炼自己的耐心和应对能力的机会。

还有不少人在倾听别人说话时表现出认认真真的样子，好像什么都听进去了，可等到别人说完，他却又问道："很抱歉，你刚才说什么？"这种态度是有失礼节的。

所以说，即使你真的没听懂，或听漏了一两句，也千万别在对方说话途中突然提出问题，必须等到他把话说完再提出："很抱歉！刚才中间有一两句你说的是……吗？"如果你在对方谈话中打断，问："等等，你刚才这句话能不能再重复一遍？"这样会使对方有一种受到命令或指示的感觉，显然，对你的印象就会大打折扣。

听人说话，务必有始有终，但是能做到这一点的人并不多。有些人往往因为疑惑对方所讲的内容，便脱口而出："这样说不太好吧！"或因不满意对方的意见而提出自己的见解，甚至当对方有些停顿时，抢着说："你要说的是不是这样……"这时，由于你的插话，很可能打断了他的思路，他要讲些什么反而忘了。

周恩来总理魅力非凡，其中很突出的一点就是他在听别人讲话时态度极其认真，不论对方职位高低、年龄大小都同样对待。对此，美国一位外交官曾这样评价周总理："凡是会见过他的人，几乎都不会忘记他。他身上散发着一种吸引人的力量，长得英俊固然是一部分原因，但是，使人获得第一印象的是他的眼睛……你会感到他全神贯注于你，他会记住你和他说的话。这是一种使人一见之下顿感亲切的罕有天赋。"

所以，我们要成为一个受人欢迎的人，就应该学会去倾听别人说话。尽量不要去抢断、堵截别人的话头，使说话者欲言又止，产生反感。即使对方看上去是在对你发脾气，也不要反击，因为别人的情绪或反应很可能和你一样，是由于畏惧或是受到挫败而造成的。这时你可做一个深呼吸，然后静静地从一数到十，让对方尽情地发泄情绪。

或者顺着对方的话头，示意对方"多告诉我一些你所关心的事"或是"我了解你的失落"。这些话总比立即堵住他的话头，如"喂，我正在工作"或"这不是我分内的事"要好得多，因为那样很容易让对方认为你对他很不尊重人，甚至因此把你完全推向对立面。

「既不拆台也不揭短」

中国有句古话:"成人之美,不送人之恶。"可以说,成人之美是美德中的美德,也是我们中华民族的优良传统。凡是成人之美的话,诸如激励人心、善意的忠告等是受人欢迎和尊重的。反之,若在与人谈话中,不但不成人之美,反而拆台、揭短,致使他人的兴致成为泡影,或者你在其中成为损人利己的受益者,那就注定要遭人唾骂。

在一次宴会上,某人向邻座的太太讲起了某位男士的秘密,同时表现出对那位男士行为的大为不满,并说了一堆攻击的话。

直到后来,那位太太才问他道:"先生,你认识我是谁吗?"

"很抱歉,我还没请教你贵姓。"他回答道。

"我是你说的那位先生的妻子!"太太答道。

他顿时窘住了。

这位先生就犯了随便说别人坏话的毛病,幸亏那位太太不认识他,否则,不仅现场非常尴尬,还可能因说他人的坏话给自己带来十分不利的影响。

说话是人际沟通的重要内容,是待人接物的工具。为了满足自我需要,你就得随时研究说话的艺术,并将其融会贯通。同时,要把握听的技巧,绝不可在未听懂他人意图之前开口说话,更不可带有情绪去拆别人的台、揭别人的底。因为人人都有自尊心和荣誉感。

常言道:"金无足赤,人无完人。"人人都会有缺点,都会犯一些错误。所以,我们在与人交谈或共事时,一定不能揭别人的底、拆别人的台。要知道，这实在是一件失礼、失态，而且很容易得罪人的事情，非常令人反感。只要我们稍稍设身处地站在他人的立场上想一想，自然就会明白其中的道理。

「 根据对方心理反应应对说话 」

每个人都有属于自己的一种说话方式，这同样是内心世界的一种表达途径。通过对说话方式的关注，捕捉住这些细微处的信息和蛛丝蚂迹，就能够帮助我们理解别人的处境和态度，窥见一个人的性格和心理，判断谈话内容的真实性和可靠性，做好应对的准备。

人在交流过程中的一举一动都会向我们传达信息，善于观察人们的表现往往能帮助我们在社交中做好各种应对的准备。

善于活跃谈话气氛的人一般比较热情，会主动说一些话引发话题，因而常常是非常亲切、富有同情心的人，做事能够照顾他人的想法和感受。这种人比较好说话，不会轻易拒绝他人的请求。

说话有条理，有理有节，逻辑性强的人，智商一般比较高，思维非常敏捷，对于方方面面的事物都有一定的了解和掌握；经历一般也较为丰富，并且能够总结成功和失败的各种教训；善于从一些细节问题上推测未来的发展状况，遇事经过分析思考就会得出准确的结论。因此，这种人办事比较牢靠，跟他们说话最好直接一点，实话实说，轻易不应承，一旦说通了，一切都好办。

能说会道的人，反应速度很快，随机应变能力强，能顺从别人的思维和心理变化，因此在社交中往往左右逢源。但也容易斗心眼、耍小聪明，圆滑世故。这类人善于和各种人打交道，交谈处事都比较精明老练，能够妥善的处理各种问题，不会明里拒绝，只有暗中推托。

能够耐心的倾听他人言论的人，比较值得信赖。他们有内涵、有修养，性情温和，稳重深沉，思维缜密。这种人就像酒一样，接触的时间越长越觉得好，越会赢得他人的尊重和信任。同时他们也是具有自己独特的思想和观点的，但是不会经常主动的外露。因此，不会和别人产生正面冲突，跟他们说话需要拐弯抹角。

交谈中妙语连珠的人，一般博闻强识，幽默智慧，风趣盎然。开朗外向的性格、随机应变的能力、奇思妙想的言论经常带给身边的人无限的快乐，可谓社交达人，可供学习的地方很多。

经常在谈话中转守为攻者，个性鲜明，锋芒毕露。这种人性格一般比较外向，思维缜密，能够冷静的分析和思辨，从容不迫地应对各种突如其来的问题，并且随时随地根据现实境况调整自己的思路和观点，沉着稳健，喜欢控制局面。这样的人主观意识很强，难以说服，不可勉强，顺着他的意思说话反而比较容易成功。

善于在交谈中改变自己观点和思维的人，是适应性很强的人，在任何环境下都能很快地融入其中，与各方保持一致。这种人头脑灵活机智，思维开阔，心态积极，具有发散性思维，能够通过各种途径完成任务。这种人不仅容易说服，还能帮你完善思路。

善于妙语反诘的人，不但能够认真听取别人的话语，还能从中找到破绽，因此冷静沉着，心思细密，能在身处逆境时抓住各种有利时机反败为胜，永远不向困难低头，保持积极进取的心态。跟这样的人说话一定要逻辑严密，不可以耍心眼。

能通过充足有力的论证说服对方的人，是天生的外交人才。他们性格开朗，为人热情，同时言谈举止又温文尔雅，善于全方位的观察对方的各种特点，从而占据着控制支配地位，用自己的逻辑引导、改变别人，牵制对方的思想，从而达到自己的目的。除非你是跟他一样的人，否则很难说服他们。

说话幽默的人一般是充满智慧的人。这类人往往性格开朗，心胸开阔，不易被各种条条框框所限制和约束，独辟蹊径，不拘一格。这种人可以以感情打动，很难说动。

善于自我解嘲的人不但机智幽默，而且平易近人，不清高自傲。这种人性格乐观，超脱世俗，不摆架子，可以直言。

说话拐弯抹角、旁敲侧击的人，一般比较圆滑世故，有心计，城府很深，往往不直接表达自己的意见，以充分保全自己。

死缠烂打、软磨硬泡的人，生性固执任性，不达目的不罢休，平常爱占小便宜、爱耍小聪明，善于取悦他人。凡事喜欢显摆、争先，凡对自己有利的事绝对争到底，决不善罢甘休，千方百计达到目的。

避实就虚的人，一般是极端自私的人，心里只考虑自己的利益得失，完全不顾别人。做事不踏实，经常制造假象欺骗别人，一旦原形毕露，就再用新的小伎俩敷衍了事。这种人应承容易，办事难。

有的人固持己见，在交流中坚决坚持自己的观点，不管正确与否。这种人过于自以为是，不能善纳雅言，因而做事偏激容易失败。吃软不吃硬，需要顺着他们好说话。

善用敬语的人，是社交的老手，善于观察他人的心情和脾性。这一类的人具有较强的随机应变能力，能屈能伸，能与大多数人保持良好的交际关系，为人处事妥善完美。跟他们说话多以商量的语气，有的话不必说透，稍加暗示即可。

在交谈中善用礼貌用语的人，一般具有较高的文化修养，能够非常好地理解尊重别人，能够有宽广的胸襟包容别人，处事温和。跟他们交流必须放低姿态，借以请教之名而行说服之实。

大凡说话言简意赅的人，性格都比较爽快，做事当机立断，决不拖拖拉拉；凡事言必行，行必果；敢作敢为，富于开拓精神，是勇于创新的人。跟他们说话可以比较直接爽快。

说话总是一个意思反复地说、废话连篇的人，一般比较软弱，责任感差，缺乏胆量，心胸狭窄，遇事爱推卸责任；对于小事过于在意，经常为了鸡毛蒜皮的小事百般纠结；缺乏开拓进取的上进精神；并且容易嫉妒别人所有的东西。跟他们说话要硬气，哄着不走，打着走。

经常劝慰别人的人，一般感情丰富，对人情世故了解颇深，能够设身处地为别人着想，心胸开阔，乐观积极，能够帮助别人摆脱困扰。他们往往才思敏捷，能言善辩，同时又温和亲切，非常容易获得别人的信赖和尊重。与这样的人说话，要能引起他们的情感共鸣。

善于奉承的人在人际关系中精明老练，因此很少吃亏上当；但往往表面一套背后一套，注重实际的利益，交友圈子多是对自己直接有用的人。这种人许以好处，给出报酬，即可说通。

俗话说，见什么人说什么话，到什么山唱什么歌。我们说话是要给听众听的，所以就必须考虑到对方的性格习惯。

有口才不一定马到成功，如果不看对象，往往会造成"秀才遇见兵，有理说不清"的尴尬局面。在我们和他人交谈的过程中，必须要注意对象的身份和精神状态等等因素，不要自顾自地高谈阔论。

「 说话要合时宜 」

职场开会，最厌烦的就是那种"开会不说，会后乱说；当面不说，背后乱说；让说的时候打死也不说，不让说的时候打死也得说"的人。生活中我们也常遇到类似的人，平时说话一套一套的，乖话、怪话、闲话、淡话、不着边际的话说起来滔滔不绝，可你一旦把他推上前台，让他发挥时，他就像打了泥封的坛子，什么也说不出来。这样的一种风格，怎么可能给人留下好印象呢？

业务员小金听说邻居的一位老人正在过七十大寿，于是兴冲冲地买好了礼物前去祝寿。在酒席上，小金先是大大恭维了老寿星一把，然后拿出自己的保险单子，想借机给老人家介绍一下。

老人家不好驳他的面子，于是耐着性子听下去。小金从当前的经济形势谈到了养儿难防老，还谈到了老年人易患的多种致命性疾病，谈着谈着，小金就被老人的儿子打断了，老人的儿子把小金拉到身边，一把把他的资料夺了过去，小声说："您先走吧，再不走我可要跟你急了！"

所以说，说话一定要合适宜。不要说话不看场合、不分对象、不择时机，心里想什么就直接道出来。常常是说者无心，听者有意，不知不觉中就得罪了许多人，给自己无形中制造了很多不必要的麻烦，甚至造成无可挽回的后果。中国有句很朴素的俗语，叫做"到什么山上唱什么歌"。这句话的意思就是：要根据对象的不同而采取不同的方式，否则就容易制造对立，产生麻烦。当然，我们仅仅有一个良好的动机是不够的，还必须要有一个切实可行的方法做保证，而要做到这一点，就必须要具体问题具体对待，因地制宜、因人制宜、因时制宜、因势制宜地去说话办事。

「 不同的人不同的心情说不同的话 」

在朋友之间要建立良好融洽的关系，除了相互帮助、相互谅解之外，得体恰当的语言交流至关重要，即使没什么事情也要多聊一聊。这样才能增进相互了解，促进关系和谐。许多争吵的发生，很大一部分原因就是平时交流不多，说话不讲艺术，使对方误解，以致造成朋友间的隔阂。

要知道，不同的人所关心的话题必然有着很大的区别，甚至同一个人在不同的天气、不同的环境、不同的心境状态下也是有着不同的话题需求的。如果你对终日为三餐奔波的人大谈国外风光，很可能会遭人白眼，因为他们连温饱都成问题了，哪还有心情和你讨论国外风光；但是如果你和他谈致富之道，他一定会很有兴趣，成为你的好听众。因此，在与他人谈话前，应该先了解对方感兴趣的话题，这就需要你进行仔细的观察，找出双方都感兴趣的话题。

每一个层面的人所感兴趣的话题都不同，但都离不开生活，所以在日常生活中，你应该保持敏锐的观察力，找准不同年龄段、不同地位、不同性别人群的心理需求，搜集丰富的谈话材料以面对不同的人，就可以切中他们的喜好，说出一些他们喜闻乐见的话了。以下是要注意的几点：

第一，要注意对方的年龄。

对年长的朋友，最好谦虚些、服从些。当然，尊敬是最起码的，年长的朋友往往高你一辈，经验比你丰富得多。与年长者谈话，切不可嘲笑其"老生常谈""老掉牙"，应该持尊重的态度。即使自己不认为正确也要注意聆听，而后再提出自己的意见。

对于年长的人，最好不要轻易问他们的年龄，因为有些人往往很忌讳这一点，问起他们的年龄时，常使他们感到难堪和颓丧。所以，在与年长的朋友谈话时，不必提起他的年龄，只去称赞其做的事情，你的话肯定会温暖他的心，使他重新感到自己还年轻，还很健康。

对于年龄相仿的朋友，态度可以稍微随便些，但也应该注意分寸，不可出言不逊，伤人自尊。在与自己年龄相仿的异性朋友说话时，尤其注意不宜乱开玩笑，态度暧昧，以免引起一些不必要的猜疑。

对于年纪比你小的朋友，也要注意一定的分寸。应该保持慎重、深沉的态度。有些年纪较小的朋友思想可能太冒进，或知识经验不及你，所以与他们谈话时，注意不要对其随声附和，降低自己的身份。但也不要同他们进行辩论，不要执意坚持自己的意见。只须让他知道，你希望他对你有适当的尊敬，他就会因此而保持适当的态度和礼仪。但是千万不要夸夸其谈，卖弄经验，在自己的知识范围外还信口开河。否则一旦被他们发觉，就会降低对你的信任与尊重。

第二，要注意对方的地位。

在和地位高的人谈话时，常使自己有一种自卑感，从而显得木讷口钝、思想迟缓。但有人为改变这种情况，却走到了相反的极端，即对地位高的人高声快语，显得粗鲁无礼。这两种态度都是不可取的。

与地位高于你的朋友谈话时，应采取尊敬的态度。一是因为他的地位高于你，二是他的能力、知识、经验、智慧也显然比你高，应该向他表示敬意。需要注意的是，与地位高的人谈话，必须维持自己的独立思想，不要做一个"应声虫"，使他认为你唯唯诺诺、没有主见。要以他的谈话为主题，听话时不要插嘴，应该全神贯注。他让你讲话时，要尽量讲题内话，态度应轻松自然、坦白明朗，回答问题也要适当。

与地位较低的人谈话，也不要趾高气扬，应该和蔼可亲，庄重有礼，避免用高高在上的态度来同他谈话。对于他工作中的成绩应加以肯定和赞美，但也不要显得过于亲密，以致使对方太放纵，更不要以教训的口气滔滔不绝，使对方感到厌烦。

第三，要注意对方的性别特征。

交谈时，要注意性别不同，方式亦大为不同。同性别的朋友之间的谈话当然要随便些，而对于异性朋友，谈话就应特别当心。当然并不是指要处处设防，步步为营，但起码"男女有别"。比如一位女性朋友身材肥胖，你千万不能"胖子""胖子"地乱叫；但换了位男性朋友，叫他几声"胖子"，他可能丝毫不介意。

女性与男性讲话，态度要庄重大方、温和端庄，切不可搔首弄姿，过于轻佻。男性在女性面前往往喜欢夸夸其谈，谈自己的冒险经历，谈自己的事业及好恶，更喜欢发表意见，让听者感到惊奇与钦佩，所以男性朋友需要的是一个听话者。女性朋友当听话者时，请注意切勿太唠叨，声音太大，不要总想找机会打岔，纠正对方或对家长里短抱怨不停……但是，如果对方令你难以忍受，那么请巧妙地打断他的话或干脆直截了当地告诉他："对不起，我还有事。"

第四，要注意对方的语言习惯。

我国地域广阔，方言习俗各异。一个规模较大的单位，不可能只有本地人组成，一定还会有各地的朋友，要特别注意这点。不同的地方，语言习惯不同，自己认为很合适的语言，在其他地方的朋友听来可能很刺耳，甚至认为你是在侮辱人。

如北方称老年男子叫"老先生"，但如果在上海嘉定人听来，就会当是侮辱他；安徽人称朋友的母亲为"老太婆"，是尊敬之意，而在浙江，称朋友的母亲为"老太婆"那简直就是骂人了。各地的风俗不同，说话上的忌讳也各异。在与朋友交往的过程中，必须留心对方的忌讳。

第五，要考虑对方与自己的亲疏关系。

在一个公司内，谈话必须注意对象的亲疏关系。对关系不深的朋友，大可聊聊闲天，海阔天空无所谓，个人的私事还是不谈为好。但这并不等于对任何朋友都要遮遮掩掩，如果是交情匪浅的朋友，则可以不断地交流思想，促膝谈心，互相关心对方的生活，替对方出出主意，排忧解难。这样可以增进彼此间的友谊，更有利于工作。

第六，要注意对方的层次与性格特征。

你与朋友交谈，首先要了解对方的个性。对方喜欢委婉的话，你说话应该讲求一点方式方法；对方喜欢直来直去，你大可不必与之绕来绕去，摆迷魂阵。对方喜欢钻研学问，你应该说比较有水平的话；而对方文化层次较低，你就不必和人家说太高深的学问了。

第七，要注意对方的心境。

与朋友谈话，应该注意什么时候是适宜的时候。比如对方工作紧张繁忙的时候，你不要去打扰；对方正在焦急时，你也不要去同他闲聊；对方如果正陷于悲痛之中，你更要选择适当的话题。假如你在这些情况下不分场合地去扰乱他人，一定会碰一鼻子灰。

对方心境不同，应该有针对性地选择不同的话题。遇到朋友得意时，应该同他谈得意的事；遇到朋友正在失意，应该适时抚慰，同他谈自己的失意事。如果同失意的人大谈得意之事，不但显得你不知趣，而且会让对方感觉你是在挖苦他；同得意之人谈你的失意，他说不定会怪你扫他的兴，即使表面上对你表示同情，内心也许会怀疑你想请他帮忙。你刚开口，他就设了防，使你无法久谈。

第十二章
到什么山唱什么歌，见什么人说什么话

「 把要求变成商量 」

邵先生从不用命令式的口吻对别人说话。他要人家遵照他的意思去工作时，总是用商量的口气说。譬如他人可能会说："我叫你这么做，你就这么做。"邵先生就不这么说，而是用商量的口气说："你看这样做好不好呢？"假如他要他的秘书写一封信，在把大意和要点讲了之后，会再问一下秘书："你看这样写是不是妥当？"等秘书写好后请他过目，他看到需要修改的地方，又会说："如果这样写，你看是不是更好一些？"他虽然处于发号施令的地位，可是他懂得下属是不爱听命令的，所以不应用命令的口气。

在一个盛夏的中午，一群工人正憩息着，一位监工走过去把大家臭骂一顿，说是拿了工资不该在此偷懒！工人们畏惧监工，当然是立即站起来工作去了，可是当监工一走，他们便又停下来休息了。如果那位监工上前和颜悦色地说："今天天气真热，坐着休息还是不停地流汗，这怎么办呢？现在这项工程很重要，已到了关键时刻，我们忍耐一下来赶一赶好吗？我们早一点干完了，可以早一点回去洗一个澡，休息一下，你们看怎么样？"相信工人们会一声不响地自觉自愿地去工作了。

有时候，人难免因一时糊涂做一些不适当或错误的事。遇到这种情况，

就需要把握住指责别人的分寸：既要指出对方的错误，又要保留对方的面子。这种情况下，如果分寸把握得不适当，就会使对方难堪，破坏交往与工作的气氛和基础，并因此带来一系列严重的后果；或者让对方占便宜的愿望得逞，给己方造成不必要的损失。

心理学家研究表明，谁都不愿把自己的错处或隐私在公众面前曝光；一旦被人曝光，就会感到难堪或恼怒。因此在交际中，如果不是为了某种特殊需要，一般应尽量避免触及对方所避讳的敏感区，避免使对方当众出丑。必要时可委婉地暗示自己已知道他的错处或隐私，便可造成一种对他的压力，但不可过分，只须点到即可。

巧谏胜于死谏

作为一个有责任心的下属，在发现上司做法不妥时，从维护公司利益出发，应对其提出忠告和建议——"进谏"。可这"进谏"也得分对象、分场合、分情境，有分寸才行，若是一味"直谏""死谏"，不仅解决不了问题，恐怕还会适得其反，引起误会——把你的好意当成冒犯顶撞，把你的忠诚当成别有用心。所以，在进谏时也要谏得巧、谏得妙：

第一，多献可，少加否。

"献其可，替其否"，是《左传》中的一句话，其意思是说，建议用可行的去代替不该做的。在下属向上司"进谏"时"多献可，少加否"，包括两层含义：其一，要多从正面去阐发自己的观点；其二，要少从反面去否定和批驳上司的意见，甚至要通过迂回变通的办法有意回避与上司的意见产生正面冲突。

例如：甲是一家公司的部门经理，公司根据业务发展情况需要给甲配了一名专管业务的副手，这时甲想提拔一位懂业务、有经验的下属担任此职，而上司却准备从其他部门派一名不懂这方面业务的外行人任职。在这种情况下，甲可把话题多用在部门副经理应具备的条件和甲所提人选已具备的条件上，而不应用在反驳上司所提候选人上。这样既可以避免与上司发生直接冲突，又能把话题保留在自己所提人选上。

第二，多"桌下"，少"桌面"。

这里的"桌下"和"桌面"，分别指非正式场合和正式场合，或者说私下交谈和当众交换意见。下属向上司提出忠告时，要多利用非正式场合，少使用正式场合，尽量与上司私下交谈，避免对上司公开提意见。这样做不仅能给自己留有回旋余地，即使提出的意见出现失误，也不会有损自己在公众心目中的形象，而且有利于维护上司的个人尊严，不至于使上司陷入被动和难堪。

第三，多"引水"，少"开渠"。

"多'引水'，少'开渠'"的意思是说，对上司"进谏"不要直接去点破上司的错误所在或越俎代庖地替上司做出你所谓的正确决策，而是要用引导、试探、征询意见的方式，向上司讲明其决策和意见本身与实际情况不相符合，使上司在参考你所提出的建议资料信息后，水到渠成地做出你想要说的正确决策。

戴尔·卡耐基说过："如果你仅仅提出建议，而让别人自己去得出结论，让他觉得这个想法是他自己的，这样不更聪明吗？"许多实践也表明，人们对于自己得出的看法，往往比别人强加给他的看法更加坚信不疑。因此作为一个聪明的下属，要想使自己的看法变成上司的想法，在许多时候应仅仅做好引导工作，提出建议、提供资料，其中所蕴涵着的结论，最好留给上司自己去定夺。

第四，给出多项建议。

从上司管理的角度来看，这种方法的优点是显而易见的。

比如，波特正在为一家小公司处理雇员关系问题。这家公司已经接受了大量的订货任务。为了完成任务，公司实际上已增加了劳动力，因而曾一度宽敞的公司停车场现已变得拥挤不堪。雇员们为了有限的停车位开始激烈地争夺。

波特觉得这个问题应当引起上司的重视。他列出了一些可供选择的方案，可供选择的方案主要包括：扩大停车场；租车在停车场和交通便利的地方之间接送工人；停车收费并把这份盈利作为雇员的基金；组织汽车联营等等。所有这些方案各有利弊，拟定方案时，他仔细但简要地说明了这些利弊。结果波特的建议被顺利地采纳了。

我们在给上司提建议的时候，也要尽量让上司在多项建议中做出选择。

「 辩解——明确责任而非推卸 」

被领导批评或指责，虽然应该诚恳而虚心地听取，但并非说你一定要忍气吞声，不管他说得对不对都要一古脑儿接受，必要时应该勇于辩护，并且要做积极的辩护。

所以工作中，同事或朋友之间，尤其是下级与上级之间，由于地位不同，而发生意见相左的情况时，不要害怕会被认为是顶撞，应积极地说明理由，沉默不语只能使问题更加复杂而难以化解。

辩解的困难点在于双方都意气用事，头脑失去了冷静，所以过于紧张和自责，反而会使场面更僵。因此越到这类棘手的对立状态时，更应该积极辩明，明确责任。具体要注意以下几点：

不要畏惧。不必害怕声色俱厉的领导，越是嚷得凶的领导往往心越软。

把握时机。寻找一个恰当的机会进行辩解也很重要。

自我反省的事项要越简单明了越好。不要悔恨不已，痛哭流涕，越把自己说得无能，反而会增加领导对你的不满。当然，还是适当点一下为好，但要点到本质上，说明自己对错误已经有了足够的认识。

辩明应该越早越好。辩明越早，则越容易采取补救措施。否则，因为害怕领导责骂而迟迟不说明，越拖越误事，领导会更生气。

对待领导的责难或要求，当然应该勇于答辩、积极答辩，不过，与平时讲话一样，应该讲究技巧。那么，如何答辩才是巧妙的，才能既不冒犯领导，又能达到目的呢？

辩护时别忘了站在对方的立场上讲话。上级责备下级，当然是出于自己的观点。如果下级不了解这一点，一味认为自己受了冤枉，因而站在本身的立场上拼命替自己辩解，这样只能越辩越僵持。应该把眼光放高一点，站在对方的立场上来解释这件事，则容易被接受。

辩解时不管是何种情况，都不要加上"你居然这么说……"。任何人都有保护自己的本能，做错事或和旁人意见相左时，便会积极地说明经过、背景、原因等。但在领导看来，这种人顽固不化，只是找理由为自己辩护罢了。

道歉时，只要说"对不起！"，不必再加上"但是……"。千万不要说："虽然那样……但是……"这种道歉的话，让人听起来觉得你好像是在强词夺理。如果面对的是性格坦率的领导，只一句"对不起"或许就可以化解彼此的争执。

「 如何巧妙应对刻薄话 」

我们可能经常听到来自同事、朋友甚至亲人的刻薄话，如果我们不能忍受，就很容易坠入反唇相讥的恶性循环里。不过，还是有方法可以使你避开伤人的暗箭，同时又能增强你的自信心。下面几种手段不妨一试：

第一，弄清真相。

伤害你的人一定有不少理由。如果你想象不出他为何出言不逊，不妨有礼貌地打听一下。

记住，有的人火气很大，但真矛头并不一定针对你。比如，对你大喊的那位女同事或朋友可能真的对你并无恶意，她无礼貌的原因完全是为了前一天晚上男友同她吵了一天架……又如，那位男同事或朋友直冲到你面前才紧急刹车，也许并非真的要难为你，而是急着想到医院里去，他的亲人正躺在病床上……重要的是，当你冷静地弄清真相，并宽大为怀时，你一定会摆脱许多无谓的烦恼。

第二，正确分析。

人际关系专家埃尔金在他的一本专著中讲了许多宝贵的意见。

其中之一是把对方的攻击分解成若干部分，然后尽量分析：哪些部分的话已说全了，哪些部分并没说完，而没有说完那部分的潜台词里，则往往包含着某些较合理的成分。注意，倘若你能对那些合理部分做出若干合理的反应，情况往往会变得好一些。

比如，一个病人家属冲着毫不相干的护士发了顿脾气，当护士分析出家属是因病人没有得到上一班护士应有的照顾时，便主动代同事做了一点解释并代她致歉，家属果然消了气而且还反过来道歉。

第三，妥善处理。

对于某些实在难以宽恕的侮辱，有效的策略之一是直率而诚恳地发问："您有伤害别人感情的任何理由吗？"或很有礼貌地说："我很想弄清楚您的意思，能解释一下吗？"在很多情况下，当对方意识到你已注意他时，他是会从你的沉着面前后退一步的。

第四，使用幽默。

例如，某天，一位对清洁十分苛求的母亲在女儿的书房里看到了蜘蛛网，就怒气冲冲地问："那是什么呀？"女儿不动声色地说："是一项科学工程。"使用幽默不仅能帮你很好地对付责难，还能帮你自我解脱。

第五，发出信号。

比如，某丈夫常于公开场合使妻子难堪。后来，妻子老是随身带着一块小毛巾，每当他开始发作时，便把它放在自己头上，丈夫每每因窘而止。

有时，你发出的信号是向挑衅者表示我已知道你不怀好意，但我不愿理睬，更不想报复。有时，你对攻击做出毫无兴趣的样子，如眨眼睛、打呵欠、望远处等，你不屑一顾的态度常会使挑衅者自讨没趣，风波自然也就平息了。

第六，学会谅解。

一位著名作家说："人总是有缺点的，但是你要尽量往一个人的可爱处看，慢慢你就会觉得，那些缺点也都是可原谅的。"学会谅解要把握住两点：一是要懂得，世界上总有人想靠伤害人悦己；二是要明白，多想想那些人的难处、长处、可怜无奈处，便会消气。

「 如何应对比你地位高的人 」

任何人，当他面对一位无论在社会地位、年龄妆扮、知名度上都比自己略胜一筹的人时，心理上难免有障碍，不敢正面和对方交谈，让对方始终以压倒性姿态占上风，这就容易让自己一直处于劣势。因此，当你假设对方也摸不清你的虚实时，你不妨用一招"虚实相掩"的攻心术，自然可以提高自己的发言地位。

假如你是新闻记者要采访名人，或者是某报社的编辑要向名人约稿，就得采用一些特别的说话策略。

由于名人都有一定的社交范围，有高人一等的优越意识，要说服他们答应你的要求绝非易事；但此事虽然有一定的难度，却不是毫无办法。

某大报的编辑在与名人的语言交际方面有相当丰富的经验，其中有一些是值得借鉴的。

据说，有一次，他向一位大作家约稿，但这位作家不是推说没有时间，就是说自己马上要旅行，结果他打了无数电话都无法让对方答应。这是因为对方的名气太大，找他写文章的人又特别多，所以一时之间无法给他一个满意的答复。

由于对方是名人，而他又有求于对方，情急之下难免低声下气，结果反而令那位大作家更加心高气傲，连说话声音都是冷冰冰的。

但这位编辑凭着一股锲而不舍的精神，决心要完成总编辑交付的任务，所以他就换了一种语言战术，打电话只是告知作家对他的新作品有很高评价。

过了几天，他又亲自拜访那位作家，一开始他对于约稿的事只字不提，只是和他聊天。接着，在双方交谈甚为融洽之时，他突然说："先生，听说你最近写的一部长篇小说在国外很畅销，有这回事吗？"

这位高傲的作家听到这句话，心中更是乐不可支。接着这位朋友又问："我拜读过先生的不少作品，知道先生一贯以意识形态的手法进行创作，请问这部作品也能够翻译成英文吗？"

大作家听了更加兴奋，态度也不再那么傲慢了，说："因为我写作的手法十分奇特，翻译成英文有些困难，不过还好我的英文底子不错，加上几位教授朋友的协助，最后还是把这部作品译成英文，只是苦了翻译及编辑人员。"两人于是开始兴致勃勃地谈论起文学作品。

刚开始，这位编辑朋友还为自己所采用的说话术担心，没想到作家的反应如此热烈，比他预期的还要好。几十分钟后，大作家亲口答应当天就给他一篇文章，这位编辑最后高高兴兴地回去交差了。

名人不是忙人就是闲人，太忙的名人没时间，太闲的名人没有动力，提不起劲。而且，只要是名人，每天都会遇上采访、赴宴或者约稿的琐事，所以他们通常对这些事不太热情。

而这位编辑之所以成功，完全在于他虚实相结合的说话策略。

然而，使用"虚实相掩"的说话术时，必须要先认清双方的实力，进退都要有一定的分寸。如果遇上实力强的对手，就要以虚来应付，不要正面硬碰硬，而要从侧面找对方的缺口。

现实生活中，我们随时都可能遇上突如其来的事情，一时之间弄不清对方的虚实，最好先避开对方的锋芒，以免被刺伤。谈话时碰到这种情况，最稳当的策略就是"避实就虚"。例如，如果你正在和恋人聊天，她突然问及你以前的情人，并且目不转睛地看着你，这时你千万不要提起以前的风流韵事，更不能洋洋自得地滔滔不绝。这时，你最好是把话题拉回到她身上，说："说实在的，和你在一起，那些事我早就忘了！"或者说："我现在心中只有你，就当我得了失忆症好了！我只记得你是我的情人。"因为热恋中的男女，连对方身旁的空气都渴望占为己有，如果你此刻谈起以前的恋人而且还不知死活地露出陶醉的样子，对方一定会想："看来这家伙旧情难忘，虽然信誓旦旦说爱我，结果还不是口是心非。"

所以你一定要慎重回答这类问题，最好是"避实就虚"，否则，也许会因此断送一段好姻缘。

「如何应对态度强硬的人」

《古今谭概》是明朝文人冯梦龙的一部笔记小说，其中记载了一篇这样的故事：

从前有一位大户人家的子弟屡试不第，被全族人鄙视。这位先生也真是不幸，科举考试好像没有他的份似的，尽管有满腹经纶也无处施展，这匹被埋没的"千里马"除了暗自叹息也别无他法。

令人不解的是，他的父亲乃是当朝内阁大学士，文名天下，权势也极大。最令他生气的是，他自己考不上，而他的儿子第一次参加殿试，竟然就被皇上钦点为状元。

这位先生为此饱受父亲的责备，怪他丢尽全族人的脸，不但比不上须发皆白的老父，连一名黄毛孺子都超过了他。这位先生有口难辩，一直默默忍受老父的责骂。

有一天，他的父亲又当着许多亲友的面开始数落他。他实在忍不住，便反驳他父亲说："我的父亲是内阁大学士，你的父亲不过是一介渔夫；我的儿子是位名状元，你的儿子是久考不中的书生。你的父亲比不上我的父亲；你的儿子又比不上我的儿子。那就是说你尚差我一截，为什么整天骂我是不肖子呢？"那位内阁大学士听了这番申冤辩白的话语，忍不住哈哈大笑，从此再也不责备他的儿子。这位内阁大学士的儿子虽然不能和他的父亲与儿子比名声，却是一位辩论的人才。

他在与父亲的对话中，便使用了借力使力的说话术，在贬对方的同时，也在赞扬对方。他的父亲责斥他，他又借此反击父亲，并用自己的儿子做陪衬。另外，他以自己的父亲来对抗，使得整段辩论滑稽可笑，道理虽歪，技巧却高人一筹，终于使得大学士不再当众责骂他。

对于那些你不方便直接批判或顶撞的人，倒是很适合用这种借别人的力来打别人的"策略"，笑着打他一巴掌，而且人家还不会生气。

打个比方，你正和客户讨论产品的品质问题，对方突然发表意见，说他们的产品是经无数次实验后的专利产品，根本不会有品质不合格的问题。

如果这时你想反驳他，最好不要用什么资料或权威人士的检验结论来驳斥，你只需说："您说的不错，但我们在使用过程中，产品的确产生故障，而且我们的操作方法完全是依照说明书上的指示。我绝对相信您公司编写的说明书应该也是毫无瑕疵的，但这又该如何解释呢？"

这时，对方一定会无话可说，但也无法对你发脾气。

总而言之，态度强硬或自以为是的人，总是一厢情愿地认为自己是最优秀的辩手，是无懈可击的。其实，这是一种愚蠢且没有策略素养的心理，只要你反击得力，就会令对手乖乖地臣服。

要知道，采用强硬态度的目的不过是一种自我保护，甚至是为了掩饰自己缺点的一种过度反应，为的是取得更多的利益。事实上，这种对手看似盛气凌人，实则外强中干。如果你刚好抓住他最薄弱的"死穴"，只需轻轻一句话，对方的气势就会急转直下，判若两人。

正如武侠小说中描写的一般，练金钟罩或者铁布衫的人，任你刀砍剑刺，也无法伤他半点皮毛，但如果你找到他的死穴，则只须一点就可以要了他的命。

「 如何应对对你有敌意的人 」

如果你不小心被人指出错误,而你的身份和地位又不容许你出现这种错误,此时你必须马上将对方的注意力引开,或者将问题巧妙地推回给发问者。

当两者的对立情绪已经到最高点,就要一触即发时,突然来了一个共同的敌人,反而会使两人化干戈为玉帛。

谈话高明的一方会马上假设一个共同的敌人,来降低双方的对立感和敌意,因为涉及双方的利益,对方会暂时合作,以便减少不必要的损失。

有一名法文老师语言偏激,常常对犯错的学生冷嘲热讽,令那些自尊心强的学生难堪不已,所以在他执教的学校里,他算是一名不受学生欢迎的老师。

不巧的是,某天他讲授法文时,不小心在语法问题上犯了一个明显的错误,并当场被一名昔日被他嘲讽过而耿耿于怀的学生发觉。这名学生马上逮住报复的机会,丝毫不客气地指出错误,此时所有的学生都安静不语,想看看平时嚣张跋扈的老师会如何应付。

这名教师不知如何面对这个窘境,一阵面红耳赤,但他毕竟拥有很长时间的教学经验,略懂得一些语言技巧上的进退策略。

过了一会儿,他冷静下来说:"噢,看你平时上课心不在焉,想不到居然这么细心,连这么不起眼的毛病都被你发现了,其他同学是怎么回事?为什么疏忽了这个错误呢?"

这位学生本来是以报复的心态向老师展开攻击,不料竟得到一贯偏激的老师当众赞扬，刹那间一种自豪的满足感溢满胸怀，马上又觉得这位老师其实也有可爱之处，并不是那种人见人嫌的人物。

这位老师在这故事中发挥他的语言长处，给这位企图让他难堪的学生戴了一顶高帽子，堵塞他急欲让对方当众出丑的嘴巴，最后老师又补充说："像这种不起眼的小毛病，必须要仔细认真才不会发生，如果不加以改正，时间一久便容易犯下更大的错误，所以大家要记取今天这个教训。"

这位老师所使用的说话术可谓高明至极，他接住别人射来的利箭，又反掷回去，并且丝毫不带杀气，以他的这番谈话来看，只会让人觉得他在赞扬某位发现小错误的学生，而不是承认自己失误，从而告诫学生谨慎勿犯，无形中将自己的失误淡化了。这种使对方改变初衷的说话术，便是模糊主题策略的另一种表现方式。

同样的技巧可以运用于商业交际中，如果你与对手在语言上陷入对立，这时不妨话锋一转："先生，最近我听到许多消费者对我们合作所制造的产品有强烈的不满，如我们再不改进，会被通路封杀。"对方也许就马上放弃与你的敌对立场，转而共同探讨改进的方法。即使你所说的状况实际上并不存在，也足以让对方重视，在短时间内不再针对你。

如果你身为一名推销员，试图在这一行业里有所作为，同样要掌握丰富的谈话技巧。例如，你正对顾客介绍某样商品，但对方却说："这东西太贵了，另外几种和它效果差不多的商品，却便宜许多。"此时你可点头说道："你说得很对。"先听取对方的意见，再运用语言的逻辑，转移对方攻击的力道。接着再对他说："你的担心不是没有道理，但你要了解，我们的产品省油省电，又是高性能，在同类产品中，只有我们的售后服务是最先进可靠的。"对方会因你开始赞同他的观点而不再排斥你，听了你的介绍后，他会认真地和其他商品做一番比较，即使不买你的商品，也会对你留下深刻的印象。

朋友之间，同僚之间，如果必须运用这种说话技巧，你得好好考虑如何更合理地运用。

例如，你有一位孤僻的同事，从来不肯与人合作，也不愿和人交往，始终对人怀有敌意，而你因为某件事又不得不请他帮忙，那么不妨对他说："如果你帮忙办成此事，上司会对我们另眼相看，这对我们都有好处。如果我一个人去完成，肯定没有你帮忙来得顺利，万一做不好，上司还会因此而怪罪我们。"

那位同事听了这番恳切的言词后，就会在权衡利害得失后与你合作。运用语言的逻辑使对方改变初衷，从而达到自己的目的，这种策略是大家经常使用的，攻心说话术这种技巧，就是要你抓住双方共同的心理弱点，使对方判断失误，这样就可以俘虏对方的心理动向，使事情朝着你预设的方向发展。

「 如何应对刁难你的人 」

当你突然遭到对方咄咄逼人的袭击，该如何说才能转危为安呢？

如果你所遇到的质问或责难相当尖锐，不妨避实就虚，用"这件事我们以后再谈好吗？"等策略来缓和当时的紧张气氛。

在某大学的课堂上，教授正在讲授先秦历史，突然有一名好奇的学生提出一个与该节课内容毫无关系的问题："请问老师，孔子一生仁慈，为何要杀少正卯呢？"

教授听后先是一愣，然后很用心地回答这个问题，但那位学生似乎想为难这位教授，一直不断地与他争论，弄得教授差点下不了台。

任何人如果碰上这种不讲道理的人，都不容易全身而退。虽然这位教授可以正面回绝学生的提问，但这种方法无法使对方心服口服。事实上，这位教授不妨这样说："如果你对这个问题感兴趣，我们可以下课再详谈，现在是上课时间，让我们上完课再说吧！"如此一来，想必那位学生也不好意思再坚持下去。

如果那位学生无论如何都要你当面回答，那就得看你能否很巧妙地躲闪这恼人的话题。否则，便可能和对方永无休止地纠缠下去，不但意见上的冲突会越来越多，而且到头来只会让自己难堪。而这正是对方的最终目的，因此，只要一不小心没有掌握好说话策略，便会落入对方的圈套。

假使当时你们是在一种不很严肃或不很正式的场合，你可以用另一种策略来避开对方的唇枪舌剑，例如以"这个时候我们只喝酒，不谈其他问题"来推辞，便可四两拨千金，轻松地将对方的话题引开。

如果是在学术讨论会上，这样的突发事件往往会引发火爆的语言冲突。若你冷静则还能够控制局面，如果你当时冷静不下来，而且你的身份和地位又要求你必须正面对抗时，往往就只有靠第三者来缓和冲突。

此时会议主席不妨暂时承认双方各有道理，同时表明这个问题争论很久，而且事关重大，即使是他也无法立刻回答。此时你不能恃强争论，要顺势取巧，可以说："关于这一问题我们日后再讨论，今天我们暂且只讨论此次的主题。"

当你从困境中脱身之后，如果觉得有胜过对方的把握，就可以在恰当的时机回答他的问题，说服对方。若没把握，也可以一直拖延下去，反正"日后"是一个虚拟概念，没有确定的时间。

这种说话方法比直接拒绝巧妙得多，也更容易让对方接受，虽然表面上你是低姿态，实际上却是拒绝正面回答以保持对方心态的平衡。如果你的口气能掌握得更准确一点，还会给人一种你对此问题根本不屑回答的感觉。

「 如何应对吹毛求疵的人 」

在现实生活中，有时你碰到的并不是一位很有理智的人，他不是提出一个问题，而是滔滔不绝地说话，既无条理，也没道理。这种情况下最好的办法是听他讲完后，再发表你的意见。

有一名鞋店老板就曾碰上这样的事，一位小姐花整个下午的时间在鞋店里挑选，结果批评的意见提了不少，鞋子却是一双也没有看上。

最后，这位小姐干脆请售货员找来老板，当着许多顾客的面滔滔不绝地说一些如"这双鞋的后跟太高了""我不喜欢这种皮料"，或者"你们的服务态度真不好，我选了一下午的鞋子，居然没有一个人过来帮我出点主意"之类的牢骚话。

那位老板就像一名听话的小学生一样，一直站在旁边听她发表"高论"，一声都没有吭。直到那位小姐说完后，老板才缓缓地说："对不起，请你等一会儿。"然后便走到鞋架旁，拿出一双鞋摆在小姐的面前说："小姐，我想这双鞋最能衬托你的气质。"

那位小姐半信半疑地将鞋穿上，结果不但大小合适，而且颜色、样式都令她十分满意，并说："这双鞋好像是专门为我订做的一样。"最后高高兴兴地付账离开。

做生意，人们都知道秉持"顾客至上"的信条，一般而言，无论顾客说什么，你都不可以反驳，除非顾客有侮辱你人格的地方，否则你就应该像那位鞋店老板一样听她说完话，然后再发表你的意见，不给顾客唱反调的机会。这位鞋店老板十分懂得这种顾客心理。

他先让对方发表意见，也许他根本一个字都没有听进去，但他的态度令顾客十分满意，最后抓住机会轻轻一击，对方很快就败下阵来。其实，鞋店老板最后拿出的那双鞋子，实际上是那位小姐早就试过却下不了决心购买的鞋子。但经验老到又了解人心的老板，却早就看出她只是要人临门一脚，给她一个肯定的答案，好让她下决心。

事实上，这位执拗的小姐可能看了好几家鞋店，都没有人懂得她的心，也没有人有耐心听她抱怨，更没有人能在她抱怨后适时给她一个建议，直到遇到这个老板。

因此，遇到这类不讲理或专门找麻烦的人，不妨善用鞋店老板的"顺水推舟"，绝对不要动不动就发脾气或没耐心地应付，否则，硬碰硬的结果会让你后悔莫及。

第十三章
赞有赞法，批有批招

「 把赞美变成艺术 」

赞许，作为一种交往中的语言和行为艺术，绝不是脱口而出的奉承和恭维，也不是溜须拍马之辈的讨好和献媚。它具有一定的原理，还有心照不宣的使用规则，更有耐人寻味的实践技巧。这些，只有在心灵与心灵的撞击中，才能逐渐摸索和把握它的具体内涵。

第一，时间上要及时。

生活当中，同事、朋友或家人的优点，随时都可能显现。而且，它出现于一个稍纵即逝的运动过程之中，个别时候还犹如昙花一现。所以，一个会赞美别人的人，总是能抓住时机奉献赞美，赢得对方和其他在场者的好感，起到一种征服人心的效果。当你下班后走进家门，看见娇妻已先到一步，已经为你准备好晚餐，你只要深情的望她一眼，说一句"看到桌上的菜我就饿了"，她一定会心花怒放的。倘若你酒足饭饱之后才说一句，"你今天回来得真早"，那样的效果已经是雨后送伞了，她还能感受到你当时就有的那份情感么？

第二，内容要巧妙。

赞扬的形成，在于一般双方都是面对面的，所以内容上要具体，对象上要分明，有时尽管不直接涉及你所要赞美的客体，但对方早已知道你所指的是什么了。

第三，动机要真诚。

我们去赞美一个人的时候，是我们所要赞美的人的确有值得我们赞美的地方，而我们赞美的本身，是对别人的尊重和钦佩。

从动机上讲，需要的是纯真；从态度上看，需要的是诚恳。如果我们不是出于真诚，会给人一种虚情假意的印象，会被怀疑居心不良。

我们的赞扬不但不能得到回报，甚至还会招致冷遇和讨厌。赞扬中的言不由衷和人为客套，留给赞美者的有时只能是窘迫和尴尬，也使被赞扬者无所适从，难以下台，于人于己，都是有弊而无利的。

俄罗斯诗坛的太阳普希金从皇村学校毕业后不久，便创作了他的第一篇叙事长诗——《鲁斯兰和抑德米拉》。这首诗诙谐有趣，轻灵活泼，很受读者的欢迎。著名的俄国大诗人茹柯夫斯基读罢此诗后也抑止不住激动和喜悦，他把自己的相片赠给昔日的学生普希金，并在照片的背面写道："给我的胜利了的学生，他的失败的老师赠——在他完成《鲁斯兰和抑德米拉》的最庄严的日子。"

无独有偶，浙江相乡县文物部门收藏有茅盾小时候的作文本。从评语中了解到，茅盾的国文老师早就看出了他将是未来文坛的"千里马"，预言这位后生有朝一日会青出于蓝而胜于蓝的，试摘一段评语如下："文如水银泻地，无孔不入，此子前程，未可限量。"

看来赞许也需要有伯乐相马的眼光，如果使用得当，其影响才真是未可限量的呢！

「 把握好赞美的分寸 」

《登徒子好色赋》中，"增之一分则太长，减之一分则太短"，用到此处来说明掌握赞扬的"度"，的确是恰如其分的。恰当的赞美，是极有分寸感的。这表现在以下几个方面：

首先，内容上要适度。

赞扬一个人，不要乱说一气，任意夸大情节，评价失衡，给小人戴大帽子，那样是难以起到赞扬的正面效应的。透过你的溢美之词，就会看到你内心的动机。

其次，方式要适宜。

人与人是各不相同的，赞扬要因人而异。不能用同一个型号的衣服，不分大小，见到谁就给谁穿。比如年龄层次不同，赞扬时语气上也应有所区别：对年轻人应多夸奖，对老年人应多尊敬，对小朋友应多引导。尺有所长，寸有所短。对方认为是缺陷的地方，你却当作长处赞赏，肯定会惹别人不高兴，明知他身短如桶，你却夸他伟岸挺拔，他只会把你的美言作为嘲讽来看，这样岂不南辕北辙？赞美的新鲜感，就是对赞美者的赞美，别人没发现也没赞美过的地方，经你突然一提，他才恍然大悟，觉得自己还有如此动人的一面，岂不荣幸有加？比如，一个本来就十分漂亮的女孩子，她的美貌人所共知，称赞她沉鱼落雁、倾国倾城不过是老生常谈，丝毫都不会引发她的好感。倘若你抓住时机，称赞她的聪明智慧，或者能歌善舞，以至于琴棋书画等方面的专长，一定会令她耳目一新，有更上一层楼的喜悦，对你产生好感，也就是意料当中的事了。因人施赞，一定会"弹无虚发"的。

其三，频率要适中。

这里所说的频率是指相对时期内，对一个对象赞扬的次数。次数太少，起不到应有作用；次数太多，也会削弱应有的效果。而赞扬的频率是否适中，是以受赞扬者优良行为的进展程度为标准的。如果被赞扬者的优良行为同赞扬的频率成正比，则说明赞扬的频率是适度的。如果呈现反比的现象，则说明赞扬的频率过高，已经到了"滥施"的程度，谁还会珍惜它呢？

「 称赞女性有秘诀 」

称赞女性同事或朋友的时候，大家可能都会认为先从外貌开始夸奖比较快捷。但问题是一旦你碰到相貌平平的女性怎么办？众所周知，每个女人都有自己的特质，包括生活经历、家庭环境、教育层次、性情气质等。因而，每个女人所关心的内容和重点也不一样。不同的女人需要不同的称赞和夸奖。

第一，赞美女性同事或朋友的修养气质。

对于相貌平平的女性，我们有必要从她的修养上找话题。比如说她从不大笑，说话从不大声等。有许多女人尽管长得漂亮，由于缺乏内涵，接触一段时间之后就露出了马脚；而一个拥有好的修养的女性，虽然外表不能打动我们，但是随着时间的推移，她的魅力会越来越大。

这种女性的吸引力是内在的，它可以征服一个男人的心，所以，你在这方面就有了可进攻之道。

下面是一些例子：

对一个从不爱说话的女孩说："你是我们这里最文静的女孩。"

对一个总爱说话的女孩说："你是我们这里最活泼可爱的女孩。"

对一位不化妆的女孩说："我从来不喜欢那些化妆化得很浓的女孩，你瞧那样多俗气！"

对一位爱化妆的女孩就有必要改变方式："会化妆就是不一样，看来你的审美情趣挺不一般。你一定学过美容吧？"

第二，赞美女性的细腻和善解人意。

女人凭借其细腻的直觉就可以了解男人的心理活动，这使她们对男人深层的了解，有时是难以觉察的，需要做出及时准确的反应。善解人意是女人征服男人的技巧与本能，它使男人感到一种呵护与温暖。当一位女性为你端上一杯热水时，你千万别忘了夸她一下："您真善解人意！"下面是一些例子：

对一个爱哭的女孩说："你像林黛玉一样多愁善感。你肯定是一个善良温柔的女孩。"

对一个不爱哭的女孩说："你一定非常坚强。我看你办事非常有主见，从不像别的女性那样婆婆妈妈。"

对一个爱干净的女孩说："真是女人味十足。看，多讲究！将来一定是一个好的家庭主妇。"

对一个孝顺的女孩说："我的母亲总是夸奖你。我的姐姐也和你一样。"

第三，赞美女性的工作能力和事业心。

现代社会，女性参与的意识越来越强。而且，通过我们的调查发现，愈是相貌平平的女性，在这方面的要求愈是强烈。有很多女性尽管长相一般，但是其魅力并不亚于那些漂亮的姑娘，因此我们要看准她的能力。有的女性很有事业心，她们从来不愿意为男人活着，你夸奖她的工作能力、审美水平、学识修养都能打动她的芳心。

下面是一些例子：

对一个会做饭的女性说："谁和你交朋友，算谁有福气。什么都会，而且工作也是好样的。"

对一位刚刚和上司提过意见的女性说："你的意见是我们大家的意见。

我很欣赏你的勇气。"

对一位从不愿意做出头鸟的女性说："我真佩服你的处世方式，沉稳得很，别看你这么年轻，但是做事却有条不紊。"

对一位学历不高的女孩说："别小看中专学历，你的才能并不比有些高学历差。"

美丽、可爱、魅力等有关容貌的赞美，对女性而言非常敏感。虽只是表面的称赞，对方也会觉得有一丝丝的喜悦。然而赞美本来就不简单，尤其是称赞美女性更难。在她情绪不好时，你的一句"你今天特别漂亮！"也会让她觉得"那么以前我天天都不漂亮？"赞美是出自内心的喜欢与欣赏，并非逢迎或违心阿谀。因此真心的赞美，除了外在的称赞之外，不妨赞美她的内在美。

你如果对一个女性说："你的眼睛像星星那样明亮，像泉水那般的清澈。"不如说："你的举止高雅，谈吐中肯。对了，你都如何进修充实自己呢？"这种赞美会使对方更为喜悦。

赞扬是最好的激励方式

如果领导者能够充分的运用赞扬来表达自己对下属的关心和信任，就能有效地提高下属的工作效率。然而，并非每个领导者都懂得赞扬下属。有些领导者虽然知道赞扬下属的重要性，却没有掌握赞扬的技巧，有时甚至弄巧成拙。

第一，让赞扬更具隐蔽性。

当面赞扬下属并非是最好的方法，这有时会让下属怀疑领导者赞扬的动机和目的。比如下属可能会想"是不是自己做错了什么，他在安慰我，在为我打气"。增加赞扬的隐蔽性，让不相干的"第三方"将领导者的赞扬传递到下属那里，可能会收到更好的效果。领导者可以在与其他人交谈时，不经意地赞扬自己的下属。当下属从别人那里听到了上级对他的赞扬，会感到更加的真实和可信。

第二，赞扬具体的事情。

赞扬下属具体的工作，要比笼统地赞扬他的能力更加有效。首先，被赞扬的下属会清楚是因为什么事情使自己得到了赞扬，会由于领导者的赞扬而把这件事做得更好。其次，不会使其他下属产生嫉妒的心理。如果其他的下属不知道这位下属被赞扬的具体原因，会觉得自己得到了不公平的待遇，甚至会产生抱怨。赞扬具体的事情，会使其他下属以这件事情为榜样，努力做好自己的工作。

第三，赞扬应发自内心。

不要为了赞扬而赞扬，赞扬应该发自内心。如果下属感觉到领导者是在故意赞扬，有可能会产生逆反心理，甚至会认为领导者是虚伪的。另外，赞扬也不应该在布置工作任务时进行，这样也会让下属感觉领导者的赞扬并非发自内心。

第四，赞扬工作结果，而非工作过程。

当一件工作彻底结束之后，领导者可以对这件工作的完成情况进行赞扬。但是，如果一件工作还没有完成，仅仅是你对下属的工作态度或工作方式感到满意就进行赞扬，可能不会收到很好的效果。这种基于工作过程的赞扬，会增加下属的压力，他会想："如果不能很好地完成任务怎么办？那该让管理者多么失望和没有面子。"如果下属长期处在这种心理压力之下，久而久之会对领导者的赞扬产生条件反射式的反感。看来，这种赞扬很可能会成为领导者对下属的"折磨"。

第五，赞扬特性，而非共性。

赞扬一位下属，一定要注意赞扬这位下属所独自具有的那部分特性。

如果领导者赞扬的是所有下属都具有的能力或都完成的事情，这种赞扬会让被赞扬的下属感到不自在，也会引起其他下属的强烈反感。

「"三明治"式批评」

欧美一些企业家主张使用"三明治"式的批评方法,即在批评别人时,先找出对方的长处赞美一番,然后再提出批评,而且力图使谈话在友好的气氛中结束,同时再使用一些赞扬的词语。这种两头赞扬、中间批评的方式,很像三明治这种中间夹馅的食品,故以此为名。

美国麦金尼1896年竞选总统时,也曾采用过这种方法。那时,共和党有一位重要人物替麦金尼写了一篇竞选演说,他自以为写得高明,便大声地念给麦金尼听,语调铿锵,声情并茂。可是,麦金尼听后却觉得有些观点很不妥当,可能会引起批评。显然,这篇讲稿不能用。但是,麦金尼把这件事处理得十分巧妙。他说:"我的朋友,这是一篇精彩而有力的演说。我听了很兴奋。在许多场合中,这些话都可以说是完全正确的,不过用在目前这种特殊的场合,是不是也很合适呢?我不能不以党的观点来考虑它将带来的影响。请你根据我的提示再写一篇演说稿吧,然后送给我一份副本,怎么样?"那位重要人物立刻照办了。此后,这个人成了一名出色的演说家。

有的领导认为先说赞扬的话,再批评,带有操纵人的意味,用意过于明显,所以不喜欢用。这种说法也有一定道理,因为当你找到某人就表扬他,他根本听不进你的表扬,他只是想知道,另一棒会在什么时候打下来——表扬之后有什么坏消息降临,所以在更多的时候,许多领导把表扬放在批评之后。当我们用表扬结束批评时,人们考虑的将是自己的行为,而不是你的态度。以下是正确、错误的两种说法:

正确:"我相信你会从中得到窍门——只要坚持试一试。"

错误:"你最好马上就改进,要不然就别干了。"

在批评结束时对下属表示鼓励,让他把对这次批评的回忆当成是促使其上进的力量,而不是一次意外的打击。此外,还应该让对方知道,虽然他屡次在某件事上处理失当,然而你却尊重他的人格。为了把你的尊重传达给对方,适度的赞美和工作上的认同是必要的,否则光是针对对方的某项缺失提出批评,容易让对方感到不受尊重,因而心怀不平。

许多成功的管理者在批评下属的时候都注意采用"三明治"式的批评方法。

例如,某人进入一家公司服务,这家公司是由个人承包的企业,承包人是一位脾气暴躁的经理。他在批评下级的时候,常常是声色俱厉,毫不留情,令下级简直无地自容。但是,批评到最后,他的表情突然来了个180度的大转弯,和颜悦色地说:"你到底是怎样弄成这个局面的?"下级立刻感到无比温暖。这位经理真是把批评的艺术掌握到了炉火纯青的地步。他虽然要求很严格,但是很得下级的敬重,这是因为他懂得一张一弛、相得益彰的道理。

日本著名企业家松下幸之助就很精通这种方法。

有一次,部下后藤犯下一个大错。松下怒火冲天,一面用挑火棒敲着地板,一面严厉责骂后藤。

骂完之后松下注视挑火棒说:"你看,我骂得多么激动,居然把挑火棒都扭弯了,你能不能帮我把它弄直?"这是一句多么绝妙的请求。后藤自然是遵命,三下五除二就把它弄直,挑火棒恢复了原状。

松下说:"咦?你手可真巧呵!"随之,松下脸上立刻绽开了亲切可人的微笑,高高兴兴地赞美着后藤。

至此,后藤一肚子的反抗情绪立刻烟消云散了。更令后藤吃惊的是,他一回到家，竟然看到了太太准备了丰盛的酒菜等他。

"这是怎么回事？"后藤问。

"哦，松下先生刚来过电话说：'你家老公今天回家的时候，心情一定非常恶劣，你最好准备些好吃的让他解解闷吧。'"不用赘述，此后，后藤自然是干劲十足地工作了。

「看破点破不说破」

为了帮助别人发现错误以便及时改正，我们总是乐于给对方一些善意的提醒。但是，一定要注意方法，对于别人的错误，大可不必完全说破，相信只要稍加提点对方自然会明白。

批评是一门很深的学问，也是一门语言的艺术。批评者要让被批评者心悦诚服地接受，达到批评的目的，同时又不伤到被批评者的自尊心。批评的目的是要让犯了错的人认识到自己的错误，从而及时改正。批评本身是手段，而非目的，否则，只为提意见而提意见、为批评而批评，结果则会适得其反。

点破别人时不要明确指出缺点，而要强调如果纠正过来会更好。

某公司老板经常慨叹纠正别人实在难，下属工作上出现问题，稍微提点一下，他们或是置之不理、或是破罐破摔，越变越坏。原来，这位老板仅仅是指出错误加以批评而已。后来这位老板发现，换一种强调改正过来会更好的提点方式，效果就好多了。

优秀的教练在纠正运动员的错误动作时，从来不会说"不对，不对，这样不对"，而是说"动作做得已经不错了，但如果再改进一下结果会更好"。他并非否定选手，而是先给以肯定再帮其改正。也就是说，先满足对方的自尊心，再把要求提出来。如果单纯指出、批评的话，只会突然引起选手的反感，没有任何效果可言。

话一旦说出就无法回头了。话说过了头就会伤到对方，破坏感情。如果不小心说话伤到对方或者对对方不礼貌，最好的做法不是去否定刚才说出来的话，而是要沉着地、若无其事地补充一句："其实你已做的很好了，这就是我最喜欢你的地方，而且，你有很多优点，犯点小错误也很正常。"给人印象最深刻的话总是最后的结论，附加赞美的话，对方便认为是赞美的，即使你点破了，但最终没有说破，也不会引起尴尬。

有一位中学教师，她对成绩下降的学生说："实在难以置信，你考出这样的分数。"加了"难以置信"，效果就不一样了，给人一种动力，想必那位同学下次成绩一定会提高。倘若只是传达事实的话，效果就不会令人满意。"令人难以置信"之类的附属语言虽然简单，但显示出的却是常人所不具备的智慧。

点破不说破，就是使用一些故意游移其词的手法，给人以暗示和适当的鼓励。比如，在谈及某人相貌丑陋时，不直接说"相貌丑"，而夸人家"纯朴""实在"等其他方面的特质来代替。这都是在委婉含蓄地表达事情的本意。

1831年，歌德看完雨果的剧本《玛丽安·德洛姆》后说："看完这个剧本，我们只能发现一个优点，那就是作者擅长描写细节，这显然是不小的成就。"这番言论表面上是称赞雨果，其实是指出雨果在细节描绘上花了太多的笔墨，从而使全文不够简练。

点破别人的错误要抱有同情心。这里的同情不是同情他的错误，而是要考虑对方得知错后的心情，只有这样的批评才不会置对方的心理感受于不顾。而且当对方认识到你是站在他的立场上点破他时，自然就会接受你的批评并对你表示感谢。

点破之言应力求简短，最好一两句就能使对方领悟，然后再自然地转到别的话题上。千万不能多次重复，否则就极容易让对方觉得你在紧抓他的错误不放，使对方陷入窘境而产生抵触情绪。

当然，想把话说得滴水不漏，在使用"点破不说破"的语言技巧时，要注意语言不能晦涩难懂。任何语言的表达技巧都是首先建立在让人听懂的基础上，同时必须把握好适用范围，如果使用"点破不说破"的话不分场合，也是达不到最佳效果的。

「 间接让对方明白错误 」

那些对直接批评会很反感的人，间接地让他们去面对自己的错误，会有非常神奇的效果。玛姬·杰克曾采取这样的方法，使一群懒惰的建筑工人在帮她家盖完房子之后还把周围清理得干干净净。

最初几天，玛姬·杰克下班回家之后，发现满院子都是锯木屑子。但她没有去跟工人们抗议，因为他们工程做得很好。所以，等工人走了之后，她与孩子们把这些碎木块捡起来，并整整齐齐的堆放在屋角。

次日早晨，她把监工叫到旁边说："我很高兴昨天晚上草地上这么干净，又没有冒犯到邻居。"从那天起，工人每天都把木屑捡起来在一边堆好，监工也每天都来，看看草地的状况。

在生活中掌握这种技巧的人并不少见。

据说有一位著名的心理医生，在超市发现一位卖副食的小姐虽然长得十分漂亮，可是对顾客老是板着一副冷冰冰的面孔。这位心理医生决定悄悄帮助她克服对人爱理不理的毛病。于是他按照她胸卡上的姓名，写了一封措词热情的感谢信寄给她。信中写道："我是一位退休的医务工作者，每次来到超市看到你的笑容，我就觉得自己的病减轻了不少。愿你的微笑长存，为每一位顾客带来快乐。"这位小姐自从接到这封信后，受暗示的诱导，服务态度大变，克服了对顾客受理不理的毛病，见人不笑不开口。年终，心理医生到超市来调查，发现这位小姐的照片贴在超市的"光荣榜"上。

当面指责别人，或者不分场合地批评，只会造成对方的抗拒，而巧妙地暗示对方注意自己的错误，则会收到颇佳的效果。

「 批评方式如何因人而异 」

不同的人由于经历、文化程度、性格特征、年龄等的不同，接受批评的能力和方式有很大的区别。这就要根据不同批评对象的不同特点，采取不同的批评方式。

不同的人对于同一种批评会产生不同的心理反应，因为不同的人在性格与修养方面都是有区别的。

可以根据人们受到批评时不同的反应将人分为迟钝型反应者、敏感型反应者、理智型反应者和强个性型反应者。反应迟钝的人即使受到批评也满不在乎；敏感的人，感情脆弱，脸皮薄，爱面子，受到斥责则难以承受，他们会脸色苍白，神志恍惚，甚至会从此一蹶不振，意志消沉；理智的人在受到批评时会感到有很大的震动，能坦率认错，从中汲取教训；具有较强个性的人，自尊心强，个性突出，遇事好冲动，自我保护意识强，明知有错，也死要面子，受不了当面批评。

针对不同特点的人要采用不同的批评方式，对自觉性较高者，应采用启发作自我批评的方法；对于思想比较敏感的人，要采用暗喻批评法；对于性格耿直的人，采取直接批评法；对问题严重、影响较大的人，应采取公开批评法；对思想麻痹的人应采用警示性批评法。在进行批评时忌讳方法单一，生搬硬套，应灵活掌握批评的方法。

正确的批评要求细密周到，恰如其分，普遍性的问题可以当面进行批评，对于个别现象就应个别进行。另外，也可以事先与之谈话，帮他提高认识，启发他进行自我对照，使他产生"矛头不集中于'我'"的感觉，主动在"大环境"中认错。

有时一些问题一时未搞清，涉及面大或被批评者尚能知理明悟，则批评更要委婉含蓄。先表明自己的态度，让下属从模糊的语言中发现自己的错误。但是，也不能一概而论，对严重的错误应当严厉批评。另外对于执迷不悟者和经常犯错误者，都应做例外处理。要么是他们改正错误，要么是你不用他们。

批评的轻重有度，还要因事而异。一般的小过失，轻描淡写的批评就能解决问题；但比较严重的错误，比较顽固的人和态度，你就要响鼓重捶，否则是难以奏效的。

具体地说，批评以其方式的不同，一般可以分为七类：

一是触动式。触动式批评措辞尖刻，用语激切，适合于依赖性较重、惰性较强的人。

二是渐进式。渐进式批评是一步一步地接近主题，适用对象是自尊心和荣誉感都比较强烈的人。

三是商讨式。商讨式批评的态度较为平缓，不强加于人，而以商量讨论的口气说话，易于被反应快、脾气暴躁的人所接受。

四是提醒式。提醒式批评重在暗示、启发和提醒，适用于性格敏锐、易生疑窦的人。

五是即席式。即席式批评即当时当场的批评，就事论事，适用于不轻易认错的人。

六是参照式。就是借别人的事例来对比,导引出批评的内容,使用的对象是那些知识少而又自大、悟性浅薄的人。

七是提问式。提问式批评以问答的形式进行批评,常用于性格内秀、较有思想的人。

第十四章
不尴尬地拒绝，不抵触地化解

「 如何礼貌地拒绝他人 」

对中国人来讲，拒绝是件十分困难的事，因为中国人崇尚和谐与团结，而拒绝对方则会造成对和谐与团结一定程度的破坏。因此，在汉语里，拒绝被视为具有面子威胁的特殊言语行为。但拒绝是一种普遍存在的社会现象，在许多场合，又是不可避免的。那么，在表示拒绝时，怎样既考虑到自己又顾及到他人的面子呢？

首先要分清拒绝的对象：是拒绝要求、拒绝请求和帮助，还是拒绝求助。要注意的是要求和求助是两个不同的概念，后者隐含着互惠和欠人情，而前者却没有这样的含义。虽然，要求并不像请别人帮忙那样会导致受损，但是，都要尽量考虑到接受者和发出者的面子。

另外，拒绝邀请和帮助与以上谈到的两种情况不同。邀请和提供帮助一般情况下会给接受者到来好处，同时，拒绝邀请和帮助也会威胁到双方的面子。如果拒绝的方式不得体，双方都会感到尴尬。

下面我们就如何礼貌拒绝他人这一问题进行分析和总结，力求在尽可能不伤害他人面子的同时，礼貌拒绝对方。

方法一：道歉。

例一：

A：明天我们一起去看电影吧。

B：不好意思，估计不行。明天我有课。

例二：

A：能否帮我递一下那本书。

B：对不起，我的手湿着呢。

从上面两个例子我们可以看出，这种方法是通过表达歉意来拒绝对方，同时一般也会给出简单的解释和理由。作为客观原因，大都会被人接受，因而比较委婉。

方法二：提供别的方法。

当不能满足对方提出的要求或请求时，我们可以提供另一个可能性的选择来代替直接拒绝，使被拒绝者更容易接受，从而达到保全双方面子的目的。

例如：

A：你好，可不可以用一下你的钢笔？

B：油笔行吗？

方法三：表达感谢。

这种方法通常在拒绝邀请和帮助时使用，会显得礼貌而又得体。

例一：

A：我来帮你搬东西吧。

B：谢谢，不用了。

例二：

A：明天我请你去吃西餐。

B：太好了！非常感谢，可是明天我恐怕没时间。

方法四：给出承诺。

例如：

A：我想用一下你的笔记本电脑。

B：我下周一定借给你，如果你不急的话。

这种方法显然是一种委婉的拒绝，但同时也留有余地供对方考虑，达到礼貌拒绝的目的。

方法五：巧妙使用身势语和副语言。

有时候用语言难以拒绝时，我们可以采用沉默或者语言之外的动作、眼神、表情等来表达拒绝。如：摇头、咬嘴唇、耸肩、摆手等等。

以上几种拒绝的方法我们也可以结合起来使用，以便达到更好的效果。比如我们在使用感谢拒绝时也可以给出理由，同时加上肢体语言。

例如：

A：再吃一块西瓜吧。

B：谢谢，我已经吃饱了。（加上摆手的动作）

总之，不管用哪种方法表示拒绝，拒绝者都要认真听对方所说的话，从实际情况出发，真诚地表达拒绝。只有这样，才能使被拒绝者感受到尊重与重视，使双方都不感到尴尬。

「 如何婉拒上司的委托 」

上司委托你做某事时，你要善加考虑，这件事自己是否能胜任？是否不违背自己的良心？然后再做决定。

如果只是为了一时的情面，即使是无法做到的事也接受下来，这种人的心似乎太软。纵使是很照顾自己的上司委托你办事，但自觉实在是做不到，你就应很明确地表明态度，说："对不起！我不能接受。"这才是真正有勇气的人。

如果你认为这是上司拜托你的事不便拒绝或因拒绝了上司会不悦，从而接受下来，那么，此后你的处境就会很艰难。这种因畏惧上司而勉强答应,答应后才感到懊悔,就太迟了。

当然,拒绝更要讲究方法,采用什么办法才能让上司接受,这里面也是很有学问的。

第一,委婉说"不"。

当领导提出一件让你难以做到的事时,如果你直言答复做不到时,你不妨说出一件与此类似的事情,让领导自觉问题的难度,而自动放弃这个要求。以下就是一个例子。

甘罗的爷爷是秦朝的宰相。有一天,甘罗看见爷爷在后花园走来走去,不停地唉声叹气。

"爷爷,您碰到什么难事了?"甘罗问。

"唉,孩子呀,大王不知听了谁的挑唆,硬要吃公鸡下的蛋,命令满朝文武想法去找,要是三天内找不到,大家都得受罚。"

"秦王太不讲理了。"甘罗气呼呼地说,他转而一想,想出了一个主意,又说:"不过,爷爷您别急,我有办法,明天我替你上朝好了。"

第二天早上,甘罗真的替爷爷上朝了。他不慌不忙地走进宫殿,向秦王施礼。

秦王很不高兴,说:"小娃娃到这里捣什么乱!你爷爷呢?"

甘罗说:"大王,我爷爷今天来不了啦。他正在家生孩子呢,托我替他上朝来了。"

秦王听了哈哈大笑:"你这孩子,怎么胡言乱语!男人家哪能生孩子?"

甘罗说:"既然大王知道男人不能生孩子,那公鸡怎么能下蛋呢?"

甘罗的爷爷作为秦朝的宰相,遇到了皇帝提出的不可能做到的请求,却又找不到合适的办法拒绝。甘罗作为一个孩童,能如此得体地拒绝秦王,并让秦王不得不放弃自己的无理请求,实在是大出人们的预料。也正因如此,秦王才有"孺子之智,大于其身"的叹服。之后,秦王又封甘罗为上卿。现在流传甘罗十二岁为丞相,童年便取高位,不能不说正是甘罗智慧的拒绝，才使秦王越来越看重他的。

第二，佯装尽力，不了了之。

当上司提出某种要求而属下又无法满足时，设法造成属下已尽全力的错觉，让上司自动放弃其要求，也是一种好方法。

比如，当上司提出不能满足的要求后，就可采取下列步骤先答复："您的意见我懂了，请放心，我保证全力以赴去做。"过几天，再汇报："这几天×××因急事出差，等下星期回来，我再立即报告他。"又过几天，再告诉上司："您的要求我已转告×××了，他答应在公司会议上认真地讨论。"尽管事情最后不了了之，但你也会给上司留下好感，因为你已造成"尽力而为"的假象，上司也就不会再怪罪你了。

通常情况下，人们对自己提出的要求，总是念念不忘，但如果长时间得不到回音，就会认为对方不重视自己的问题，反感和不满由此而生。

相反，即使不能满足上司的要求，只要能做出些样子，对方也不会抱怨，甚至会对你心存感激，主动撤回让你为难的要求。

第三，利用集团掩饰自己说"不"。

例如，你被上司要求做某一件事时，其实很想拒绝，可是又说不出来，这时候，你不妨拜托其他二位同事或朋友，和你一起到上司那里去，这并非所谓的三人战术，而是依靠集团替你打掩护来说"不"。

首先，商量好谁是赞成的那一方，谁是反对的那一方，然后在上司面前争论。等到争论过一会儿后，你再出面说："原来如此，那可能太牵强了。"而靠向反对的那一方。

这样一来，你可以不必直接向上司说"不"，就能表明自己的态度。

这种方法会给人"你们是经过激烈讨论后，绞尽脑汁才下结论"的印象，而包含上司在内的全体人士，都不会使哪一方有受到伤害的感觉，从而上司会很自然地自动放弃对你的命令。

如何拒绝你不想接受的邀请

在与他人交往的过程中，我们总会遇到一些为难的事情，有人邀请你，可邀请的因由或地点对你来说却不合适，有时人之所求对你来说实在是无能为力。此时，就要拒绝对方。拒绝的结果往往有两种：一是双方不欢而散，甚至因此而生隙；二是皆大欢喜，成为深交的契机。生活中不值得交往的无赖毕竟是少数，所以，要尽量使自己既不陷于被动，又不伤害对方的自尊，这就要求我们必须学会拒绝。至少应把握这样几点原则：

第一，诚恳、灵活。

如果对方的邀请或馈赠是出于诚意，而在权衡利弊之后，你决定不接受，那你就应当诚恳地向对方解释不能接受的理由，以免对方由于你的拒绝而抱怨或误解。或者视对方情况采取一点灵活的方式也未尝不可。

第二，寻找恰当的借口。

有时要拒绝对方的某一要求而又不便说明原因，也不便向对方多说什么道理，你不妨寻找某个恰当的借口，以正当的、不至于被对方责怪的理由来回避对方的要求，从而使对方放弃努力。因此，借口要符合客观实际，最起码要能自圆其说，令人相信；表达时态度应诚恳，不能装腔作势，忸怩作态。

第三，转移对方的注意力。

心理学研究表明，当人的注意力专一时，如果另有一种新的刺激参与，那么人的注意力就很容易转移到这种新的刺激上去。在社交中碰到对方提出自己一时难以答复的问题或难以满足的要求时，我们不妨用"转移注意力"的办法，把对方吸引到另一件你可以办到的事情上去，既能使自己摆脱困境，又能满足对方，使其不会因你没能解决那个难以解决的问题而怪你。

第四，巧妙地表达出"不"的意思。

用沉默表示"不"。当别人问你："你喜欢小李吗？"你心里并不喜欢，这时，你可以不表态，或者一笑置之，别人即会明白。一位不大熟识的朋友邀请你参加晚会，送来请帖，你可以不予回复。这表明，你不愿参加这样的活动。

用拖延表示"不"。一位女性朋友想和你约会。她在电话里问你："今天晚上八点钟去跳舞，好吗？"你可以回答："改天再约吧！方便的时候我给你去电话。"你的同事或朋友约你星期天去钓鱼，你不想去，可以这样回答："其实我是个钓鱼迷，可自从成了家，星期天就脱不开身了。"

用推脱表示"不"。一位客人请求你替他换个房间，你可以说："对不起，这得值班经理决定，他现在不在。"有人想找你谈话，你看看表："对不起，我还要参加一个会，改天行吗？"

用回避表示"不"。你和朋友去看了一部拙劣的武打片，出影院后，朋友问："你觉得这部片子怎么样？"你可以回答："我更喜欢抒情点的片子。"

用反诘表示"不"。你和别人一起谈论国家大事。当对方问："你是否认为物价增长过快？"你可以回答："那么你认为增长太慢了吗？"你的恋人问："你喜欢我吗？"你可以回答："你认为我喜欢你吗？"

用客气表示"不"。当别人送礼品给你，而你又不能接受的情况下，你可以客气地回绝。一是说客气话；二是表示受宠若惊，不敢领受；三是强调对方留着它会有更多的用途等。

用外交辞令说"不"。外交官们在遇到他们不想回答或不愿回答的问题时，总是用一句话来搪塞："无可奉告。"生活中，当我们暂时无法说"是与不是"时，也可用这句话。还有一些话可以用作搪塞："天知道""事实会告诉你的""这个嘛，很难说"等等。当我们羞于说"不"的时候，请恰当地运用上述方法吧。但是，在处理重大事务时，来不得半点含糊，应当明确说"不"。

用幽默表示"不"。

海明威住在美国爱达荷州时,适逢这个州竞选的议员知道海明威很有声望,想请海明威替他写一篇颂扬文章,帮他多拉几张选票。当他见到海明威,把要求提出来后,海明威一口答应翌日派人送去。第二天清早,议员果然收到海明威送来的一封信,打开一看,里面装的是海明威太太过去写给他的一封情书。议员当时以为海明威匆忙之中弄错了,便把原件退回,顺便又写了一张便条,请海明威帮忙。

不一会儿,议员又收到海明威送来的第二封信,拆开一看,竟是一张遗嘱,于是他就亲自到海明威家询问情况。海明威无可奈何地说:"我真的拿不出什么东西给你,只有这两样。您是要情书呢?还是要遗嘱呢?"海明威极富幽默地拒绝了那位议员的要求,同时也讽刺了议员为了升官不择手段的丑恶嘴脸。

「 把拒绝贯彻到底 」

拒绝别人并不是很难的事,只要你能够善于观察对方心理,并能灵活运用各种拒绝方法,就能顺利地拒绝别人,而且还不会损及彼此的感情。但是,并不是说把"不"的意思表达出来,拒绝别人的工作就完成了。其实,完成了这一步,拒绝别人的工作只完成了一半,更重要的还是看你如何能够巩固这种拒绝的成果,从而达到彻底地拒绝对方的目的。因此这就需要我们预防别人对我们的拒绝进行反驳,即不给对方反驳拒绝我们的机会,使我们的拒绝贯彻到底。

第一，要有坚定的信念，了解对方。

要想预防别人对我们的拒绝进行反驳，首先就要求拒绝者自己要有坚定的信念，无论对方如何反驳，自己也绝不动摇。

预防反驳，存在于拒绝对方的全过程，包括拒绝前、拒绝中和拒绝后三个阶段，这三个阶段是紧密联系的，任何一个环节出现差错，都会给对方以可乘之机，影响拒绝的效果。

首先，拒绝前要充分地了解对方，制定适当可行的策略。

在社会交往中，能够取得成功的前提，就是要善于了解对方，善于察颜观色，做到心中有数。所谓察颜观色，就是说要仔细观察对方的言谈、举止、神情等，由此洞察出他的心理活动。心有所思，口有所言，通过语言这个窗口，可以窥测人的内心世界。人的举止、神情等，往往是思想意识的自然流露，通过它们，有时甚至可以捕捉到比语言更真实微妙的思想活动。

例如，从言谈来观察对方的性格特征和内心活动，就会发现这样的规律：偏激的言辞，大抵是对方受某种观点蒙蔽，一时难以转弯；而用夸大失真之词来维护自己的主张，则表明他受这种思想的强烈支配；说话不集中，东一榔头，西一棒子，显然是表明此人没有一个坚定的主张；说谎的人，总是言语转移不定，含糊其辞。至于举止神情，一般的我们都很清楚，如愤怒时，横眉立目；紧张时，双手揉搓；思索时，用手指轻敲桌面；不安时，目光左右躲闪等等。另外，我们还应该特别注意每个人的习惯动作所表示的特殊含义，这样对我们准确把握一个人的思想活动很有好处。而且，每一种语言或举止神情所表达的意思也并不是固定不变的，在不同场合都要具体分析，这就需要我们在社交实践中认真把握，逐步积累经验。

对你所要拒绝的人，有了一个比较准确的认识，就为你成功地拒绝提供了良好的前提。你便可以根据你所掌握的对方的情况，采取不同的手段，实施自己的拒绝行为。

第二，在拒绝中要保证语言的严密逻辑性和拒绝理由的充分性。

但凡你在拒绝别人的时候，对方无论如何也要找出一些理由来反驳你，很少能轻易地便接受你的拒绝。因此我们在拒绝别人的时候就应该时刻警惕，注意自己语言的逻辑性，随时避免给对方提供反驳自己的机会。

比如一些口才好的人，就经常使用一种让对方多说"是"的"劝诱法"，慢慢诱导对方，逐渐使对方同意自己的观点，使其就范。其方法就是：在与人论辩时，开始时并不讨论分歧的观点，而是提出一系列无关紧要的问题，诱导对方连连说"是"，同时着重强调彼此共同的观点，取得完全一致后，自然而然地转向自己的主张。这种方法，是交际老手们常用的方法，他们往往使你在不知不觉中就放弃了自己的拒绝，而转为与他的观点趋同。因此，在拒绝别人时，对别人的提问尽量避免说出"是"来。

同时，我们还应该努力运用严密的逻辑方式，对他人的反驳再次提出反驳，从而巩固自己的拒绝成果。进攻是一种积极的防御，与其时刻警惕，小心谨慎地预防别人的反驳，还不如主动出击，把对方的反驳打下去。

再有就是要有充足的理由，作为自己拒绝对方的根据，使对方真正做到心服口服，从而自觉放弃对自己的反驳。只要你的理由真实，语言诚恳，对方一般都不会再对你的拒绝进行反驳。

比如，有一位记者去采访一位知名学者。由于是突然采访，这位学者对采访问题没有任何准备，而且恰巧此时电视里正在转播一场精彩的足球赛。于是他便对记者抱歉地说："我是个老球迷，现在和你谈话会心不在焉的；另外，由于你事前也没有打个招呼，我对你提出的问题没有充分准备，即使现在跟你谈，也只能说些皮毛的东西，对你也是不尊重。所以我建议你下次再来，利用充分的时间，咱们认真踏实地谈一谈，你看怎样？"记者虽然没有完成他所希望的采访，但听了学者一番诚挚的话语，他还是心满意足地回去了。

第三，在拒绝对方之后，最好再说上几句补救的话。

无论是基于什么原因，自己的要求被别人所拒绝，都不是令人愉快的事，因此总想找些理由来反驳你的拒绝。如果你在拒绝对方时，考虑到这一点，就应该在拒绝之后对他说些补救的话，使对方在心理上得到平衡，本来想反驳你的，现在也不好意思了。

比如，一位同事或朋友请你去看电影，而你正好有许多事要做，你便可以这样对他说："真是对不起，我今天确实很忙，实在不能陪你。你看改天如何？"这里的"你看改天如何？"就是对前面拒绝的一种补救。如果你单单地对别人的请求无情地说"不"，恐怕对方很难接受，但你在拒绝之后加上诸如"改天如何""看看是否有别的方法"等等补救的话语，那么对方心理上也就容易接受些了；再有你还可在别人已基本上接受了你的拒绝时，再加上如"你真是太通情达理了""你真是太善解人意了"之类的话，相信对方刚刚还充满不快的脸上，马上就会浮现出一丝笑意来。

「 别赢得了争论失去了朋友 」

富兰克林在他的自传中说："口头上的争论不仅无益解决问题，往往还会演变成为争论而争论，让彼此关系变得更坏……赢得了辩论，失去了朋友。"

有一天，几个人突然闯进美国第25任总统威廉·麦金莱的办公室，向他提出一项抗议。为首的一位议员脾气很大，开口就对总统一通咒骂，非常难听。但是，麦金莱却显得异常平静，他知道，现在做任何解释都会导致更激烈的争吵，这对于坚持自己的决定很不利。所以，他一言不发，默默地听这些人叫嚷，任他们发泄自己的怒气。直到这些人都说得精疲力尽了，他才用温和的口气问："现在你们觉得好些吗？"那个议员的脸立刻红了，总统平和而略带讥讽的态度，使他觉得自己好像矮了一截，他仿佛觉得自己粗暴的指责根本站不住脚，而总统可能根本就没错。

后来，麦金莱总统开始向他解释自己为什么要做那项决定，为什么不能更改，这位议员并没完全听明白，但他在心理上却已经完全服从总统了。

该议员回去向同伴报告交涉结果时，只是说："伙计们，我忘了总统所说的是些什么了，不过他是对的。"麦金莱总统凭着他的自制力，在心理上打了一个胜仗。

失败人士喜欢仅仅为了争论而争论并喜欢挑起争端，或者使其他人失去心理平衡。那些挑起争端的人也许会想，此刻朋友们和同事们会对他们的机敏与智慧留下深刻的印象。没错，但往往是坏印象。美国众议院著名发言人萨姆·雷伯说过："如果你想与人融洽相处，那就多多附和别人吧。"他的意思不是说你必须同意别人所说的一切，而是说你不可能一方面无休止地激怒别人，另一方面又指望别人来帮助你。结束了一天工作后的人们不喜欢把时间花费在无休止的争论上。如果此刻你挑起争端，他们会回避你，而你将会发现，你已被其他好争辩的失败者们包围了。

林肯早年因出言尖刻而导致与人决斗。随着年岁渐增，他也日趋成熟，在非原则问题上总是避免和人发生冲突，他曾说："宁可给一条狗让路，也比和它争吵而被它咬一口好。被它咬了一口，即使把狗杀掉，也无济于事。"我们在遇到某些不讲理的人时，如果不存在大是大非的问题，不争论也无关紧要，那么就跟林肯学习，容忍一下算了。

为了避免和同事或朋友争论，大致可以从以下几方面做起：

第一，对不同的意见进行选择。

当你与别人的意见始终不能统一的时候，这时就要舍弃其中之一。

人的脑力是有限的，有些方面不可能完全想到，因而别人的意见是从另外一个人的角度提出的，总有些可取之处，或者真的比自己的更好。这时你就应该冷静地思考，或两者互补，或择其善者。如果采取了别人的意见，就应该衷心感谢对方，因为有可能此意见使你避开了一个重大的错误，甚至是奠定你一生成功的基础。

第二，不要轻易相信自己的直觉。

每个人都不愿意听到与自己不同的声音。每当别人提出与你不同的意见，你的第一个反应是自卫，为自己的意见进行辩护并去竭力地找根据。其实，完全没有必要。这时你要平心静气地、公平谨慎地对待两种观点（包括你自己的），并时刻提防你的直觉（自卫意识）对你做出正确抉择的影响。值得一提的是，有的人脾气不大好，听不得反对意见，一听见就会暴躁起来。这时你就应控制住脾气，让别人陈述自己的观点。不然，气量未免太小了。

第三，尽量让自己学会倾听。

每次对方提出一个不同的观点，不能只听一点就开始发作。要让别人有说话的机会，一是尊重对方，二是让自己更多地了解对方的观点，好判断此观点是否可取，努力建立了解的桥梁，使双方完全理解对方的意思，否则的话，只会增加彼此沟通的障碍和困难，加深双方的误解。

第四，审慎地对待别人的意见。

在听完对方的话后，首先想的就是去找你同意的意见，看是否有相同之处。如果对方提出的观点是正确的，应放弃自己的观点，而考虑采取他们的意见。一味地坚持己见，只会使自己处于尴尬境地。因为照此下去，你只会做错。而到那时，给你提意见的人会对你说："早已给你说了，还那么固执，知道谁是对的了吧！"这时，你该怎么下台？所以为避免出现这种情况，最好是给双方一点时间，把问题考虑清楚，而不要诉诸于争论。建议稍后或第二天再交换意见，使双方都有充足的时间，把所有事实都考虑进去，尽可能找出最好的方案。这时就应进行一下反思：别人的意见，可不可能是对的？还是有一部分是对的？他们的立场或理由有没有道理？自己的反应到底在减轻问题或只不过是在减轻挫折感而已？……多问一下自己，也许会找到更好的解决办法。

「 避免使用让人感觉不舒服的字眼 」

在我们说的话里面，有些字眼会引起别人的抗拒和争论，我们要特别留意避免它们。

富兰克林曾谈到沟通技巧："当我在推动任何可能引起争论的事情时，我总是以最温和的方式表达自己的观点，从来不使用绝对确定或不容怀疑的字眼，而代之以下列说法：据我了解，事情是这样子；如果我没犯错，我想事情该是这样；我猜想事情是不是该这样；就我看来，事情是不是该如此？像这样对自己的看法没多大把握的表达习惯，多年来使我顺利地解决了许多棘手的问题。"富兰克林的例子充分说明说话的重要性，避免使用肯定的字眼来说服别人接受他的观点，以免造成抗拒。在我们的生活里，有一个词颇具杀伤力，可是我们用得太习惯而浑然不觉，这个词就是"但是"。如果有人说："你说的有道理，但是……"你知道这是什么意思吗？这是指你说的没道理或不相关。"但是"这个词具有否定先前所说的意义。如果有人在同意你的观点之后，再加上"但是"这两个字，你会有什么样的感觉呢？如果你把"但是"这个字替换成"也"的话，会有什么结果呢？如果你这么说："你说的有道理，我这里也有一个满有道理的看法……"或"那是个好主意，我这里也有一个蛮好的主意……"你想想会有什么不一样呢？这两句话都是以同意对方观点开头，然后给自己的观点另开一条路，但并没有造成对方抗拒的心理。

我们要牢牢记住，在这个世界上没有永远抗拒的人，只有顽固且不具弹性的沟通者。就像有些话必然会激起听者的抗拒，然而也有些话能使听者敞开心扉，愿意与你沟通。

如果你懂得沟通的技巧，完全可以在坚守原则的立场下，既充分表达了自己的观点，也不会激起他人的反对。为了做到这一点，下次你可以试试下面这三句话："我感谢你的意见，同时也……""我尊重你的观点，同时也……""我同意你的看法，同时也……"在上面的每一句话里，都表达了三样事：第一，你能站在别人的立场看这件事，而不以"但是"或"不过"的字眼来否定或贬抑他人的观点，因而达成契合；第二，你正建立一个使你们携手合作的架构；第三，你为自己的看法另开一条不会遭遇抗拒的途径。

比如，如果有人对你说："你百分之百错了。"而你反顶了一句："我没错！"你认为双方还能平心静气地谈下去吗？自然是不可能的，这时反倒会有冲突、有抗拒。相反地，如果你这么说："对于这件事，我十分尊重你的看法，同时也希望你能站在我的立场听听我的看法。"注意，在沟通时你无需赞同他的主张，但是你一定得尊重他的立场，因为毕竟各人有各人的认知方式和情绪反应。

你也可以尊重别人的意图，例如，经常有人因为对某件事的意见与他人相左，继而不尊重别人的意见，甚至听而不闻。如果你能参考上面的句式，你就会注意他的意图而不在意他所说的，在这种理性反应下，便能寻出一些新的沟通方式。

假设你与某人在核武器问题的看法上相互争论，他主张建立核打击武力，而你主张冻结核武。虽然你们的看法是南辕北辙，但是出发的动机却是相同，都希望确保自己和家人的安全，以及世界的和平。这时你先不与他争论，反而站在他的立场说道："我十分感谢你如此关心下一代的安全，同时我也相信除了用核武吓阻之外必然还有其他的方法。"

当你采用这个方法沟通时，对方必然觉得受到了尊重，也就不会产生争执。这套方法你可用之于任何人，不论对方怎么说，你总能找出他值得尊重、感谢、同意的观点。你不会跟他有任何的争执，因为你根本就不打算争执。

「 道歉的艺术 」

在与同事、朋友或上司交往中，难免会说错话、做错事，也就难免会得罪一些人，有时甚至会给他人带来精神上的巨大痛苦和经济上的巨大损失。

对此，若是能及时认识到自己的错误，诚恳地向对方道歉，并主动承担责任，一般情况下总能得到别人的原谅。倘若你发现自己错了，又不能及时向他人道歉，甚至千方百计找借口为自己辩解，其结果不仅得不到别人的谅解，反而还会受到道德上的谴责和人格、形象上的损害，使你失去朋友、失去友谊。因此，任何人都不要小看了道歉的作用。

真正的道歉并不只是认错，而是要勇敢地为自己的过错承担责任，承认自己的言行破坏了彼此间的关系。通过道歉表示你对这个关系十分重视，并希望重归于好，这样不仅可以弥补破裂了的关系，而且还可以增进感情。

要进行成功的道歉，必须掌握以下要领。

第一，态度一定要诚恳。

美国学者苏珊·杰考比说："在我最初的记忆中，母亲对我说，在说'对不起'时，眼睛不要看地上，要抬起头，看着对方的眼睛。这样人家才会明白你是真诚的。我母亲就这样传授了我良好的道歉艺术：必须直率，你必须不是在假装做其他事情。"道歉并非耻辱，而是真挚和诚恳的表现。

第二，道歉要堂堂正正，不必奴颜婢膝。

学会道歉，检讨自己、纠正错误是一种美德和值得尊敬的事。因此，不必躲躲闪闪、羞羞答答，但也不必夸大其词，一味往自己脸上抹黑，那样，别人不仅不会接受你的道歉，甚至觉得你虚伪。

第三，道歉一定要及时。

很多人一做错事，就会搬出很多理由试图保护自己，拖延时间，也有人碍于面子而不肯立即诚实认错。殊不知，这样做反而会遭致反效果。做错了事，最重要的是应该先认错。唯有及时认错，才能寄希望于对方以"人非圣贤，孰能无过"的宽大态度给予谅解。即使不能马上道歉，日后也要找准时机及时表示自己的歉意。

第四，方式要灵活。

真诚的道歉能缩短人的隔阂，融化过失与误解，增强人们之间的友谊和心灵共鸣。人与人之间没有解不开的恩怨。"相逢一笑泯恩仇"，大家在这个小小的世界上需要的是现实的爱。但是，性格内向的人却往往朝相反的方向考虑，他们少言寡语，常常孤身独处，不愿与他人多来往。当自己和别人吵架翻了脸，肚子里兜着气，又不愿说，面对感情的阻碍任其自然。

怎样才能改变这种被动的局面，进行适宜的道歉呢？

语言道歉。首先，打破心理封闭。不要把自己的歉语憋在心里，应该理智地找一个机会表达出来，这是一个人走向成熟的表现。当面用语言向对方表示歉意，是道歉艺术的重要方法。及时道歉，对经常见面的同事或朋友有了言行上的得罪，不能故意回避，也不能装糊涂，时间越长积怨会越深。道歉不能漫不经心，甚至一边做自己的事一边道歉。因为这样会被人认为你是迫不得已，暗藏蔑视。道歉要直截了当，不要转弯抹角，更不要找许多借口原谅自己的过失。有时一时难以区分谁是谁非，为了扭转尴尬气氛也应用直接道歉的方式解决大家的困窘。

行为道歉。人的情绪是行为中最明显的表情语言，甚至体态姿势都会有情感的传递。对于一些无关紧要的摩擦与争论不一定都要当面赔礼道歉，否则人家会觉得你太谨小慎微或者心中看不起别人。你可以在下次相会时主动打个招呼、在开会时主动坐在他身边等等，聪明的同事或朋友完全可以从你的表情和体势中领会你的歉意。

信物道歉。在年末，不妨找出过去一年中与哪些同事或朋友在交往中有过言行上的冲突，然后寄上一语新年祝福。虽然你没有负荆请罪，但同样可以消除隔阂。若朋友间有了成见，当面讲又怕碰钉子，你也可以在他的枕边写张纸片或给他送上一份小礼品，同样可以达到道歉的效果。虽然你没有当面认错，对方也不会不接受。

「 共同点越多，抵触越少 」

历史上著名的"触龙说赵太后"的故事是一个很好的寻找共同点的例子。

战国时期，赵国的太后刚刚执政，秦国就趁这机会加紧攻打赵国，形势非常危急。在这种情况下，赵国只好向齐国求救。

齐国答应支援，但附有条件，要求派长安君来齐国作为人质，这样才肯发兵。长安君不是别人，正是赵太后最疼爱的小儿子。

对于齐国的要求，赵太后断然拒绝。

大臣们十分着急，一再去劝太后，请她答应齐国的条件。太后十分生气，宣布说："谁再来提让长安君做人质的事，我就一定要啐他一脸！"这种气氛之下，大臣们谁也不敢再开口了。

但此时，秦国加紧进攻，赵国安全危在旦夕。担任左师的触龙十分忧虑，他冒着生命危险要去劝谏太后。太后听说后，就怒气冲冲地等着他，看他来谈什么，要是再来劝，一定要让他碰钉子。

触龙故意用小步缓慢地走上殿堂，到太后面前就谢罪道："老臣的脚有毛病，所以不能快走，真是失礼了。好久没来看望您了，担心您的身体，所以今日特来问候。"

看着触龙衰老的样子，太后回答说："我现在也是靠着车子才能行动啊!"

触龙马上很关心地问道:"那吃饭还好吗?"

"嘿,只喝点稀粥罢了!"太后回答说。

"我的胃口也不好,不过总支撑着散散步,每天走三四里,增加点食量啊。"触龙说。

太后叹了口气说:"唉,我可做不到啊。"说话时,脸色好了一些,怒气已经消了大半。

这时,触龙用恳求的声调说:"太后,老臣有个孩子叫舒祺,排行最小,不成材,可老臣还是宠爱他。我想求您让他当一名侍卫来保卫王宫吧。"

"可以呀,今年他多大了?"太后问道。

"15岁了,虽还不大,但我想趁我还活着时,把他安排好啊。"触龙回答说。

"嘿,原来男人也爱自己的小儿子呀!"太后笑了笑说。

触龙也笑了,他说:"我爱儿子比女人还厉害哩!"

太后又笑了,此时谈话的气氛已经缓和了许多。

这时,触龙趁机说:"老臣以为太后疼爱女儿燕后要超过长安君啊。"

太后摇了摇头说:"那怎么可能呢?"

触龙很有感慨地说:"父母疼爱儿女,总是替他们做长远的打算啊!想当年,您送燕后出嫁时哭个不停,就是为她嫁得远而悲伤呀。她出嫁后,虽然您苦苦地想她,但每次祭祀时总是祈祷,让她千万别回国。这不是替她做长远打算,让她的子子孙孙、世世代代继承王位吗?"

"是呀,我确实是这么想的。"太后点了点头说。

触龙见太后的情绪已完全好转,便进一步说:"您想过没有,三代以前,甚至赵国开始建立的时候,那子子孙孙世代封侯的,到现在还有吗?"

太后想了想说:"没有了呀。"

"难道这些封侯的子孙个个都不好吗?不是的。关键是他们没有功劳呀!没有功劳却享受着很高的俸禄,有着很高的地位,时间长了就很难立足啊！现在您宠爱长安君，可以提高他的地位，也可以赐予他很多的土地和财宝，可就是不让他为国立功。将来您百年以后，长安君凭什么站得住脚呢？所以我认为您替长安君打算不太长远啊，这才说您爱他比不上对燕后的爱。"

一席话，使赵太后醒悟了，她改变了原来的想法，把长安君送到齐国，让他为解决这场危机出力。齐国见赵国答应了条件，立即出兵救赵，击退秦军。赵国得救了。

触龙的高明之处就在于一开始强调与太后的共同之处：两人的身体都不是很好，触龙的脚有毛病，太后也是靠着车子才能行动。然后，触龙又强调第二个共同点：两人的胃口都不是很好。接下来触龙强调了两人之间的第三个共同点：都爱自己的小儿子。有了这些共同点以后，太后对触龙的抵触情绪已经消失，此时触龙才涉及问题，用真情实感、肺腑之言去感动对方，终于使固执的太后接受了自己的观点。

「用"我们"化敌为友」

说话时，常用"我"开头或代表自己观点的人，树立的对手只会愈来愈多；而常用"我们"的人，敌人也会变成朋友。

每个人的内心或多或少都存有潜在的自我意识，谁也不愿意被别人左右。如果他认为你是在说服他，那么他的反抗意识就会更加激烈，而不愿意接受你的看法，即使你说得天花乱坠、头头是道，在他眼中也不过是为谋取私利而进行的伪装表演。

经常使用"大家""我们"等这类字眼，让彼此感觉到大家都是自己人，既然是自己人，当然就不必固守心理防卫，当然就能认同你的观点了。

战国时，郑国弱小，秦晋两大国联军围郑。郑文公派烛之武和秦穆公谈判。烛之武见了秦穆公说："我虽为郑国大夫，却是为秦国利益而来。"秦穆公听后冷笑，不予相信。接着，烛之武给秦穆公做了分析："秦晋联合围郑，郑国已知必亡，然郑在晋东，秦在晋西，相距千里，中间隔着晋国，如果郑亡，秦能隔晋管辖郑地吗？郑只会落于晋人之手。秦晋毗邻，国力相当，一旦郑被晋所吞，晋的力量便超过秦国。晋强则秦弱，为替别国兼并土地而削弱自己，恐非智者所为。如今，晋国增兵掠地，称霸诸侯，何尝把秦国放在眼里，一旦郑亡，便会向西犯秦。"

秦穆公听后连连点头称是，请烛之武坐下交谈。烛之武继续剖析："如果蒙贵王恩惠，郑得以继续存在，以后若秦在东面有事，郑国将作为'东道主'负责招待过路的秦国使者和军队，并提供给养。"

秦穆公听后非常高兴，遂和烛之武签订盟约。晋国看没有了同盟军，也只好撤回了军队，于是郑国保住了。

烛之武瓦解秦晋联盟，就采用了"我们"效应。他睿智地觉察出秦晋联盟并不稳固，两个"超级大国"互相并不信任，彼此猜忌很深。烛之武要做的关键事，就是让秦穆公把自己当成他的"自己人"，而晋国只是个想占秦国便宜的"外人"。通过他的一番分析，秦穆公果然同意烛之武的看法，觉得烛之武的的确确在为秦国着想，于是转而同郑国结盟，郑国的燃眉之急得到解脱。数十万军队解决不了的一件事，却被烛之武轻易化解，"自己人效应"的力量可见一斑。

但是，现代人生活节奏实在太快，上下班如同打仗一样，哪怕同住一座楼一个单元甚至就在隔壁，平时也都很少碰面，更何谈交流？久而久之，彼此隔阂戒备日益加深，一说要聊天，人们自然是习惯于先找熟悉的人、亲近的人来交流，对于陌生的人则显得有些不够热情就会让人产生戒备心理。如果我们想结交新的朋友，就必须让对方尽快消除这种戒备心理。那么，怎样让对方尽量快地把你归入到"自己人"的行列里去呢？这里面是有一定的窍门可寻的。

第一，主动和对方交往，注意激发对方的表现欲。很多人都希望成为交谈内容的主角，所以在谈话中，他们更多地希望对方能够倾听自己的述说。我们本身可能也有这样的欲望，但是在以广交朋友为目的的场合里，我们要努力克制这种欲望，争取围绕着对方的话题展开讨论，并适时表现出你对他非常感兴趣，希望以后有机会继续交往下去。这样一来，他在心理上就容易接受你，从而为进一步的沟通创造条件。

第二，找准双方都感兴趣的话题，循序渐进增进了解。善于交际的人在与人交往中有一双慧眼，他们善于寻找双方一致的地方。如相同的籍贯、相同的民族、相同的年龄、相同的爱好，甚至是相同的明星"粉丝"等，都可以作为展开话题的铺垫。总之，我们之间是自己人，这样便可以把双方的心理距离拉近，工作起来、交往起来就比较容易，效果也好。

第三，要在公众场合展现你优秀的人格，引起对方的关注。在大庭广众之下，喋喋不休地讲述远不如你的一个细微的动作更容易引起他人的注意。比如，给迟到的女士让个座位，扶起不慎摔倒的小朋友，给遇到的认识和不认识的人一个迷人的微笑，交谈过程中睿智而风趣的语言，对人热情坦率的态度等，都可以让你给对方留下深刻的印象，也为大家把你当成"自己人"铺好了道路。

我们在交往过程中，如果想和对方建立起紧密的联系，如果想说服别人按照你的建议去做，那么，就要发挥好"我们"是"自己人"的效应，让对方身心愉快地接受你和你的建议，从而取得事半功倍的效果。

第十五章
你说得动听，才有人愿意听

「 开场白，说到听众心里 」

演讲时，开场白最不易把握，演讲者要想三言两语抓住听众的心，并非易事。如果在演讲的开始听众对演讲者的话就不感兴趣，那后面再精彩的言论也将黯然失色。

第一，触动听众的内心。

听众对众口一词的论调都不屑一顾、置若罔闻；演讲者倘若用意想不到的见解引出话题，营造"此言一出，举座皆惊"的艺术效果，会立即震撼听众，使他们急切地想继续听下去，这样就能达到吸引听众的目的。

美国前总统奥巴马就职演说的开场白就达到了让人们震惊的效果：

今天我站在这里，看到眼前面临的重大任务，深感卑微。我感谢你们对我的信任，也知道先辈们为了这个国家所做的牺牲……

现在我们都深知，我们身处危机之中。我们的国家在战斗，对手是影响深远的暴力和憎恨；国家的经济也受到严重地削弱，原因虽有一些人为的贪婪和不负责任，但更为重要的是我们作为一个整体，在一些重大问题上决策失误，同时也未能做好应对新时代的准备。

我们的人民正在失去家园、失去工作，很多企业要倒闭。社会的医疗过于昂贵，学校教育让许多人失望，而且每天都会有新的证据显示，我们利用能源的方式助长了我们的敌对势力，同时也威胁着我们的星球。

统计数据的指标传达着危机的讯息。危机难以预测，但更难以预测的是其对美国人国家自信的侵蚀——现在一种认为美国衰落不可避免，我们的下一代必须低调的言论正在吞噬着人们的自信。今天我要说，我们的确面临着很多严峻的挑战，而且在短期内不大可能轻易解决。

就在人们情绪被"抑"下去后，奥巴马立即接着说：

但是，我们要相信，我们一定会渡过难关。

今天，我们在这里齐聚一堂，因为我们战胜恐惧，选择了希望，摒弃了冲突和矛盾而选择了团结。今天，我们宣布要为无谓的摩擦、不实的承诺和指责画上句号，我们要打破牵制美国政治发展的若干陈旧教条。

美国仍是一个年轻的国家，借用《圣经》的话说，放弃幼稚的时代已经到来了。重拾坚韧精神的时代已经到来，我们要为历史做出更好的选择，我们要秉承历史赋予的宝贵权利，秉承那种代代相传的高贵理念：上帝赋予我们每个人以平等和自由，以及每个人尽全力去追求幸福的机会。

……

美国依然是地球上最富裕、最强大的国家。同危机初露端倪之时相比，美国人民的生产力依然旺盛，与上周、上个月或者上一年相比，我们的头脑依然富于创造力，我们的商品和服务依然很有市场，我们的实力不曾削弱。但是，可以肯定的是，轻歌曼舞的时代、保护狭隘利益的时代以及对艰难决定犹豫不决的时代已经过去了。从今天开始，我们必须跌倒后爬起来，拍拍身上的泥土，重新开始工作，重塑美国。

国家的经济情况要求我们采取大胆且快速的行动，我们的确是要行动，不仅是要创造就业机会，更要为下一轮经济增长打下新的基础。我们将造桥铺路，为企业铺设电网和数字线路，将我们联系在一起。我们将回归科学,运用科技的奇迹提高医疗质量,降低医疗费用。为了能为车辆和工厂提供能源,我们将进一步利用阳光、风力和土壤。我们将改革中小学以及大专院校,以适应新时代的要求。这一切,我们都能做到,而且我们都将会做到!

奥巴马的这段就职演说的开场白无异于平地惊雷,又宛若异峰突起,怎能不震撼人心?

第二,用自嘲活跃气氛。

自嘲是幽默的最高境界。自嘲用在开场白里,目的是用诙谐的语言巧妙地自我介绍,这样会使听众备感亲切,无形中缩短了演讲者与听众间的距离。

在一次作代会上,萧军应邀上台,第一句话就是:"我叫萧军,是一件出土文物。"这句话包含了多少复杂感情:有辛酸,有无奈,有自豪……而以自嘲之语表达,形式异常简洁,内蕴尤其丰富。

胡适在一次演讲时这样开头:"我今天不是来向诸君作报告的,我是来'胡说'的,因为我姓胡。"话音刚落,听众大笑。这个开场白既巧妙地介绍了自己,又体现了演讲者谦逊的修养,而且活跃了现场的气氛,一石三鸟,堪称一绝。

1938年2月9日,蔡元培70岁生日,上海各界人士在国际饭店为他设宴祝寿,他在答谢演讲时风趣洒脱地自嘲道:"诸位来为我祝寿,总不外乎要我多做几年事。我活到了70岁,就觉得过去69年都做错了。要我再活几年,无非要我再做几年错事咯。"宾客一听,顿时大笑,整个宴会充满了欢声笑语。试想,如果他摆出一副严肃相,一本正经地致答谢辞,就不会营造出这样轻松愉悦的气氛。

第三，情景交融，引人入胜。

一上台就开始正式演讲，会给人生硬突兀的感觉，让听众难以接受。不妨以眼前的人、事、景为话题，开始演讲，把听众不知不觉地引入演讲之中。

1863年，美国葛底斯堡国家烈士公墓竣工。落成典礼那天，前国务卿埃弗雷特站在主席台上，只见人群、麦田、牧场、果园、连绵的丘陵和高远的山峰历历在目，他心潮起伏，感慨万千，立即改变了原先想好的开场白，从此情此景谈起：

站在明净的长天之下，从这片经过人们终年耕耘而今已安静憩息的辽阔田野放眼望去，那雄伟的阿勒格尼山隐隐约约地耸立在我们的前方，兄弟们的坟墓就在我们脚下，我真不敢用我这微不足道的声音打破上帝和大自然所安排的这意味无穷的平静。但是我必须完成你们交给我的任务，我祈求你们，祈求你们的宽容和同情……

这段开场白语言优美，节奏舒缓，感情深沉，人、景、物、情是那么完美而又自然地融合在一起。据记载，当埃弗雷特刚刚讲完这段话时，不少听众已泪水盈眶。

第四，用悬念激发好奇心。

人们都有好奇的天性，一旦有了疑虑，非得探明究竟不可。为了激发起听众的强烈兴趣，可以使用悬念手法。在开场白中制造悬念，往往会收到奇效。

有一位教师举办讲座，会场秩序比较混乱，学生对讲座不感兴趣，老师转身在黑板上写了一首诗："月黑雁飞高，单于夜遁逃。欲将轻骑逐，大雪满弓刀。"写完后说："这是一首有名的唐诗，大家都说写得好，我却认为它有点问题。问题在哪里呢？等会儿我们再谈。今天，我要讲的题目就是'读书与质疑'"。这时全场鸦雀无声，学生的胃口被吊起来了……演讲即将结束时，老师说："这首诗问题在哪里呢？不合常理。既是月黑之夜，又是严寒冬季，北方哪有大雁？"

这样首尾呼应，强化演讲内容，令人回味无穷。

触发联想，产生画面感

演讲时，演讲者的思维应该处于一种极度活跃的状态，对某一话题或身边的事物应有敏锐的感触。正因为思维状态的活跃，人的思维触觉才十分敏锐，对身边的物和人能触类旁通，观一知十。因此，即兴说话时要认真观察，多方感受，快速思考，引发联想。根据演讲所处的特定时间、特定地点，深立意、巧构思，讲出一个奇妙的境界。

即兴说话时，可以按听众所关心的问题引发；可以根据场地布置的标语引发；可以按天气、时令、突发事件和前面说话者的说话内容引发。一般来说，"触媒点"应是能形诸视觉或听觉的具体事物，引发时要巧妙地找到它们之间的联系，在一定程度上赋予事物一个新的、深的含义。两者之间有同有异，唯其异才能产生新意，唯其同才能借此引发。

在一次抽题演讲比赛中，一位演讲者抽到的题目是《三峡工程在召唤》，他如是说：

"大家知道，三峡工程将在三峡把长江拦腰截断。虽然从此在中国的版图上再也看不到三峡美丽的风光、壮丽的景色了，再也感受不到李白"两岸猿声啼不住，轻舟已过万重山"的意境了，但展现在我们面前的将是另一番迷人的景观。那是一幅现代科技的主体图画，是现代人智慧的完美呈现，是勇敢和创造的反映物。面对如此沉重的呼唤，我不能亲临现场为三峡工程增一块砖、加一片瓦，对此我感到非常遗憾！但面对这呼唤我又感到高兴和激动，我将为之鼓舞。"

这时响起了告示铃，演说到这里已进行了两分半钟，只剩下半分钟了，如果演讲者顺着这思路讲下去，似乎讲不出什么新意了。这名演讲者突发奇想，抓住刚才铃声这个触媒，引发开去：

"铃声响了，告诉我演讲的时间只有半分钟了。是啊，时间紧迫啊，这铃声也向我们昭示：人生在世，时间是有限的。朋友们，让我们在有限的时间内多为祖国、为社会、为人民做点事。我虽然不能为三峡工程直接做贡献，但修建三峡工程的目的就是能够让长江两岸人民免除水患，安居乐业。所以我应在自己的工作中尽职尽责，辛勤付出，只有这样才能达到和三峡工程相同目的——为人民服务，同时也响应了三峡工程的召唤。谢谢！"

他的演讲一结束，现场就响起了长时间的掌声。这就是演讲者抓住了铃声这一触媒展开联想，进行巧妙衔接，使演讲生动活泼。

还有一个例子：

著名语文教育家谢东曙应邀参加春节团拜会，事先没准备发言，可主持人在会上临时请他讲几句。他看到桌上一改过去摆设丰盛糖果、高级糕点的传统习惯，仅清茶一杯，于是灵机一动，抓住"清茶一杯"这一触媒点，以"一"字引发，即兴赋诗："欢聚一堂迎佳节，清茶一杯显精神，团结一心创伟业，步调一致向前进！"大家报以热烈的掌声，欢呼再来一个，他急中生智，顺着刚才进行的"一"字一直思考下去，卖了一个关子："别喊，还有一个横批：说一不二！"

得体的引发得到了与会者的交口称赞。特别是最后一句"说一不二",既是对前话的延续,又是对观众要求的答复,巧用双关,精妙之至。

「 场面话说得多,不如说得准 」

在交际场合说点场面话是非常必要的。恰到好处的场面话,可以赢得他人的欢心,从而增加彼此的感情。但是,场面话并不是说得越多越好,有时候说场面话也得注意场合。如果不分场合地说场面话,很可能给别人留下轻浮与虚伪的印象。

什么是场面话呢?场面话就是让主人高兴的话。既然说是场面话,可想而知就是在某个场面才讲的话,这种话不一定代表你内心的真实想法,也不一定合乎事实,但讲出来之后,就算主人明知你言不由衷,也会感到高兴。说起来,讲场面话实在无聊之至,因为这几乎和虚伪画上等号,但现实社会就是这样,不讲就好像不通人情世故了。

场面话是日常交际中常用的语言之一,而说场面话也是一种应酬的技巧和生存智慧,生存在世间的人都要懂得去说,甚至习惯于说。从日常社交来看,你至少需要学会以下几种场面话:

当面赞扬他人的话。孩子是父母的希望,称赞孩子自然能得到他人的欢心。这个时候,你可以称赞他人的孩子聪明可爱,称赞他人的衣服大方漂亮,称赞他人教子有方,等等。这种场面话所说的话有的是实情,有的则与事实存在相当的差距,有时正好相反,而且这种话说起来只要不太离谱,听的人十有八九都感到高兴,而且周围人越多他越高兴。

当面答应他人的话。如"我会全力帮忙的""这事包在我身上""有什么问题尽管来找我"等,这种话有时是不得不说,因为对方运用人情压力,当面拒绝，场面会很难堪，而且当场会得罪人；对方缠着不肯走，那更是麻烦。先用场面话打发一下，能帮忙就帮忙，帮不上忙或不愿意帮忙再找理由，总之，有缓兵之计的作用。

在很多情况下，场面话我们不想说还不行，因为不说，会对你的人际关系造成影响。

到他人家做客时，一定要感谢主人的邀请，并盛赞饭菜精美、丰盛可口，称赞主人的室内布置，小孩的乖巧聪明等；参加酒会，要称赞酒会的成功，以及表达你"宾至如归"的感受。参加会议，如有机会发言，要称赞会议准备得周详等；参加婚礼，除了称赞菜色之外，一定要记得称赞新郎新娘的"郎才女貌"……

至于场面话的说法，也没有一定的标准，要看当时的情况决定。不过切忌讲得太多，点到为止最好，太多了就显得虚伪而且令人肉麻，这样就让人看出我们的"真面目"了。

总而言之，场面话就是感谢加称赞，如果你能学会讲场面话，对你的人际关系必有很大的帮助，你也会成为受欢迎的人。

「 如何在面试中合理推荐自己 」

面试，对于一个人的前途有着非常重要的意义。在参加面试的时候，一定要实事求是地介绍自己，既不要过于谦虚，以免失去机会，也不要夸大其词，免得名不副实。

第一，求职前必须对自己有一个客观而全面的认识，即做到有自知之明。

自我评价受到主观感情的影响，所以评价自己并不是一件很容易的事情。人在自我认知时，常有一种无意识的自我防御机制，处处为自己辩解，从而干扰自我认识。或过高地估计自己，以天下大事为己任，叱咤风云、口若悬河，其结果却是志大才疏、眼高手低、一事无成；或者过分贬抑自己，自卑感特别强，最终亦难成大事。这两种状态都可能使求职者在求职时遭到较多的挫折。

对自己必须有一个客观且全面的认识和把握，科学的方法就是通过对自己个人资料的搜集、归纳和分析来实现。实践证明，个人资料的搜集、整理是求职的前提和必要准备，科学化、系统化的个人资料也可为用人单位提供值得信赖的档案资料。

第二，表达要简洁明了，谦逊慎重。

表达尽量简洁明了、清晰明快，能少说的话，就不要多说。在表达自己的观点时，尽可能先说论点和结论，然后再用实例加以论证，这样可以使表达简明扼要。讲话时尽量不要使用模棱两可的语言，譬如回答某一问题时避免只说"还行"或"可能很强吧"等，最好用简洁但却蕴含了你的能力、特长和业绩的表述。但是，需要注意的是，不要夸大自己的能力，尽量用具体的事例说明问题，避免用"极好""极强"等字眼。因为强中更有强中手，招聘主管对你的期望值越高，失望值可能也就越大。

此外，还有一些人在面试时侃侃而谈公司应该如何如何，好像是来应聘董事长或智囊团主席的。这类人往往很是聪明能干，并在事前对公司做过一些调研工作，有备而来。但是，他们忽略了一点：作为一个已具规模的公司，需要的不是半途杀进来的诸葛亮，而是踏踏实实的好员工。每当有人滔滔不绝地发表高见时，那些坐着的高级职员嘴角边往往就会泛起一丝微微的嘲笑，因为他们招聘的是下属，而非上司。这是应试者一定要切记的一点。

什么样的人才是他们所需要的呢？让我们一起来看一下，以帮助我们届时有所应对。

首先，要有正确的思维方式。

比尔·盖茨经常会问面试者这样一个问题："怎样移动富士山？"当被问到提出这样的问题究竟意欲何为时，比尔·盖茨回答说："我们要考察应聘者是不是按照逻辑来解决问题。类似于这样的问题，正确的答案并不重要，重要的是你有没有按照正确的思维方式来思考问题。"

下面是谷歌公司面试中经常出现的一道问题：如在你面前放的一个碗里混放着红豆和绿豆，再给你两个空碗，要求你在十分钟内把红豆捡到一个碗，把绿豆放进另一个碗。这个题目好做吗？其奥妙在于，考官故意多给了你一个碗。但是不要上当受骗，应该保持原有的清醒和逻辑思维，直接挑出红豆放到一个空碗里，挑完了，原来的碗里就只有绿豆了。怎么样？是不是从中可以看出此类题目的动机所在，这就是应变和思维能力。

其次，要有优秀的人格素质。

著名职业经理人唐骏说过，计算机业日新月异，你在大学里学得东西再多，也很难是完全合适的"人才"。而微软要的是"人"——聪明、好学、踏实、自信，具备良好的道德和较强的团队精神的"人"。谜语题也好，推理题也好，所要考察的，都是冲着这样一个"人"字。一个优秀的"人"，才是名企孜孜以求的，也正是他们这一系列测试"怪题"的指向所在。其实，这些名企的目的并不在乎你的答案，而在乎你的回答所体现出来的人格素质。所以，不管你是否能说出答案来，始终保持冷静、自信和深度思考是最重要的。

要想让考官们欣赏你，你必须明确地告诉考官们你具有应考职位必需的能力与素质，而只有你对此有信心并表现出这份自信后，你才证明了自己。

应试者在谈到自己的优点时，一定要保持低调，也就是轻描淡写、语气平静，只谈事实，别用自己的主观评论。同时也要注意适可而止，重要的、关键的要谈，与面试无关的特长最好别谈。另外，谈过自己的优点后，也要谈自己的缺点，但一定要强调自己克服这些缺点的愿望和努力。

需要注意的是，在面试时千万不要夸大自己。一方面，从应试者的综合素养表现，考官能够大体估计应试者的能力；另一方面，如果考官进一步追问有关问题，将令"有水分"的应试者下不了台。

考官可以通过应试者的自我介绍，对其进行进一步的了解，比如你对自己的描述与概括能力、你对自己的综合评价以及你的精神风貌等。个人自信、为人处世的能力等在面试中是非常重要的，应试者一定要注意到这一点。

「 一个好的话题会引出另一个话题 」

在与大家的交流中，一个好的话题常常能作为媒介，引出另一个话题。一个好的话题是最开始交谈的媒介、深入谈话的基础、敞开心扉纵情交谈的开端。但是在具体选择话题的时候，要顾及到对方，看清谈话的对象喜欢什么样的话题。一个话题，只有让对方感兴趣，谈话才能有继续维持下去的可能。

你喜欢军事，他喜欢摄影，你和他大谈军事，他却对军事一窍不通，就等于是对牛弹琴，你津津有味地说了半天，结果发现对方根本听不懂、听不进去，你的谈兴肯定也会受到影响，同样对方的心情也不会好。你们的谈话没有交集点，这样的谈话也就没有必要继续下去了。你说你的，他说他的，最终你们之间的谈话只会变得很糟糕。你一谓就照自己的兴趣大谈特谈，对方只会觉得索然无味，和你找不到共同话题，两个人的对话，也就变成你一个人唱独角戏了，这样下去一定会冷场。

长辈给美仪介绍了一个对象，按照约定，两个人要见面谈。

按照介绍人的安排，美仪手里拿着一本杂志走进公园与另一个手拿杂志的男孩冯雷相见。两人像参加面试似的各自报了家门后，便默默无语地沿着公园的湖畔徜徉。

美仪感到两人既然是来相亲，总应该说说话，增进对彼此的了解吧，都不说话算什么呢？她眉头一皱，计上心来。

"你手里拿的是一本什么杂志，可以看看吗？"

"刚买的《中国化妆品》。这本杂志挺不错的，有品位。"冯雷一边简略地介绍，一边把杂志递给美仪。

美仪说："哇，看不出，你对美容时尚还挺有研究的。"

冯雷说："你可别这么夸我。我只是爱好而已。你想啊，过去美容化妆仅仅是女人的时尚，现在人们生活水平提高了，追求早已发生了变化，男人为什么不能活得光鲜灿烂一点呢。"

他们围绕着时尚，从化妆谈到时装，从扮"酷"谈到天昏地暗，等到两人分手时，早已酷似一对相恋已久的恋人了。

美仪的聪明之处就在于，她想到了一本书总会引出许多与书相关的话题。即使冯雷拿着书只是做做样子，对书或对某一个话题不感兴趣，那么围绕书所引发的许多社会生活方面的话题，他总有感兴趣的。因此他们的初次谈话是非常成功、默契的。

你在和他人交谈前，要考虑好自己所要提的问题和交谈的步骤。为了引出下一个话题，你在提问时可以这么做：

想到什么你就问什么。比如："如果你能有更多的休闲时间，岂不是很好？"这个问题的设计就是为了引出对方肯定的回答，唤醒对方善待自己、自我保护的意识。

多问对方知道答案的问题。被问到自己回答不了的问题时，人们往往会感到恼怒。而问对方熟知的问题就容易多了。因为人们总是很乐意分享自己的知识，并且会对此展开讨论，由此方便找到自己的价值感。于是，你的下一步提问也便容易多了。

要尽可能地问诱导性问题。诱导性的问题很容易提出，你只要把一些陈述性的话改装成问句就可以了。比如，"这本书很吸引人，不是吗？"这个陈述句后面紧跟的这个小小的反问，就是你为提问设计的一个小技巧。

要让问题贴近实际和对方。当你的问题与当时的情况或者说服对象有关联的时候，你就会更容易得到肯定的回答。使用这种提问技巧的目的就是要将已知与未知联系起来。比如，你可以这样问："我知道您通常会选绿色，但现在红色那款产品刚上市，您不妨试一试。我给您送一个过去，如何？"

在问题中要倾注感情。每个人都想获得成功与快乐，希望自己被认为是一个有贡献的人，所以你应尽量把你的问题设计得更具有人情味。比如，你为了推销一种新车型，你就可以这样问："您知道，如果您开着这辆新车去兜风，人们会有多羡慕您吗？"

提问也需要技巧，一个说话高手，同时也必定是一个提问高手。

销售产品前，先推销自己

世界上最伟大的销售人员乔·吉拉德曾说："推销的要点是，你不是在推销商品，而是在推销你自己。"他甚至还撰写了一部名为《怎样销售你自己》的著作，来专门阐述他的这一经典思想。

所谓对客户推销你自己，就是让他们喜欢你、相信你、尊重你，并且愿意接受你，换句话说，就是要让你的客户对你产生好感。很多时候，销售人员就像是一件又一件的商品，有的相貌端正、彬彬有礼、态度真诚、服务周到，是人见人爱的抢手商品，所有客户都喜欢；有的衣衫不整、粗俗鲁莽、傲慢冷淡、懒懒散散，就会令客户讨厌，甚至避而远之。

因此，让客户接受自己，是销售人员的首要任务。

有一个基金销售人员，在他最初从事这一行业的时候，每次出去拜访客户，推销各式各样的基金，总是失败而归，尽管他也很努力。

后来这个销售人员开始思考，究竟是什么原因导致自己失败，为什么客户总是不能接受自己……既然确定自己推销的产品没有问题，那就说明是自己身上的缺点让客户不喜欢，因此导致客户拒绝接受自己的产品。为此，这个销售人员开始进行自我反思，找出自己的缺点，并一一改正。为了避免当局者迷，他还邀请自己的朋友和同事定期聚会，一起来批评自己，指出自己的不足，督促自己改进。

第一次聚会的时候，朋友和同事就给他提出了很多意见，比如：性情急躁，沉不住气；专业知识不扎实，应该继续学习；待人处事总是从自己的利益出发，没有为对方考虑；做事粗心大意，脾气太坏；常常自以为是，不听别人的劝告；等等。这个销售人员听到这样的评论，不禁感到汗颜，原来自己有这么多的毛病啊，怪不得客户不喜欢自己。于是他痛下决心，逐步改正。而且他还把这样的聚会坚持办了下来，然而他听到的批评和意见却越来越少。与此同时，在基金销售方面，他签的单子也越来越多，并且受到了越来越多客户的欢迎。

可见，在销售活动中，销售人员自身素质和销售的产品同等重要，把自己包装好，让客户喜欢，客户才有可能购买你的产品。所以，从某种意义上说，销售人员在推销的过程中最应该推销的是自己。销售人员应该努力提高自身的修养，把自己最好的一面展现给客户，让客户对你产生好感，喜欢你、接受你、信任你。当你成功地把自己推销给了客户，接下来的工作就会顺利得多。在推销自己时，应该注意下面几点：

第一，塑造打动人心的第一印象。

销售人员应该记住这样一句话："形象就是自己的名片。"心理学中有一种心理效应叫作首因效应，即人与人第一次交往中给人留下的印象在对方的头脑中形成并占据着主导地位的一种反应，也就是我们常说的第一印象。

某食品研究所生产了一种沙棘饮料，一名女销售人员去一家公司进行推销。她拿出两瓶沙棘样品怯生生地说："你好，这是我们研究所刚刚研制的一种新产品，想请贵公司销售。"经理好奇地打量了一眼面前这个女销售人员，刚要回绝的时候，他被同事叫过去听电话，便随口说了声："你稍等。"当这个"记性不好"的经理打完电话之后，早已忘了他还曾让一个女销售人员等他。就这样，那名女销售人员整整坐了几个小时的冷板凳。快到下班的时候，这位糊涂的经理才想起等他回话的女销售人员，看到她竟然还在等。面对这个"老实"又有点生涩的销售人员，这位经理觉得她比起经常乱吹一气的销售人员来更令人感到心里踏实，于是当场决定进她的货。

这个案例说明，一个合格的销售人员在与顾客交往的过程中，首先要用自己的人格魅力来吸引顾客。销售人员在与客户初次见面时需要注意以下几点：

首先是服饰。销售人员着装的基本要求是干净整洁，既要符合时尚美感，又要恰当地体现个性和风采。干净整洁、搭配协调、适合自己的着装，会在举止之间流露出自然的美感和迷人的魅力。

日本推销界流行一句话：你若想要成为第一流的销售人员，就应该先从仪表修饰做起，先用整洁得体的服饰来装扮自己。一旦你决定进入销售行业，就必须对自己的仪表投资，这种投资也绝对是值得的。销售人员的着装一定要符合自身的性格、身份、年龄、性别、环境以及风俗习惯，不要赶时髦和佩戴过多的饰物。如果在穿戴方面过于引人注意，效果反而会适得其反。

其次是谈吐举止。销售人员与客户说话时，态度要谦逊有礼，让客户觉得你很有教养。彬彬有礼的人才会受到人们的欢迎。有一些问题是你必须避免的，如说话速度太快、吐字不清、语言粗俗、有气无力、态度不冷不热；爱批评、说大话、撒谎；油腔滑调、沉默寡言、死缠烂打；抓耳挠腮、耸肩、吐舌、舔嘴唇、脚不住地抖动等不雅小动作；东张西望、慌慌张张等。

其三是礼节。礼节是一个人内在文化素养及精神面貌的外在表现。作为销售人员，一言一行都要对公司的社会形象负责。客户都是很聪明的，他们只会和值得信赖、礼节端正的销售人员合作。讲究礼节的基本原则就是真诚、热情、自信、谦虚。围绕这几个基本原则去交往，必然能给客户留下彬彬有礼的印象。

第二，设立目标，超越自我。

一个人没有人生的目标是可怕的。卡耐基曾说："毫无目标比有坏的目标更坏。"因为没有目标未必是这人无所事事，而是这人很可能无所作为。

有无数销售新人因否定自己而最终毫无建树，不得不另谋他职。而顶尖级的销售人员都有着一股鞭策自己的神奇力量，当一些销售新人因胆怯而徘徊不前时，他们却能凭借着高度的乐观、自信、上进心，以及内心的自发力量，把恐惧和挫折统统控制住。他们坚信自己一定能够实现目标，他们总是这样激励自己。

美国最有名的销售人员斯通20岁搬到芝加哥，开了一家叫做联合登记保险公司的保险经纪社。尽管公司中只有他一个人，但他仍决心办好这个公司。

就在开业的第一天，他便在热闹的北克拉街，推销出54份保险单。不过，即使一开业就取得了开门红，但人们还是议论纷纷，认为斯通的这个公司肯定运行不了几天。然而斯通则坚信自己每天都能完成更高的目标，多售出几份保险。在肯定自己的前提下，在祖利叶城，他平均每天成交70份保险单，最高纪录是一天售出122份。在不懈的努力下，公司也一天天兴旺起来，不仅在芝加哥站稳了脚跟，还在伊利诺伊州的其他地区开辟了保险业务。

斯通正是通过自我激励、自我肯定才取得成功的。经过不断的自我提升、自我成长以后，他达到了在别人看来几乎是不可能达到的目标。作为一个缺乏经验的销售新人，当你遭遇到困难、失败时，一定要告诉自己：我不怕困难和失败，也不会轻易被打倒，并以此激励自己去奋斗，最终一定能取得成功。

第三，诚信让你的推销之路走得更远。

诚信包括诚实与守信两方面内涵。诚信不但是推销的道德要求，也是做人的准则，它历来是人类道德的重要组成部分，在我们的日常销售工作中也发挥着相当强的影响力。实际上，向客户推销你的产品，就是向客户推销你的诚信。

在推销过程中，如果失去了信用，也许一笔大买卖就会泡汤。信用有小信用和大信用之分，大信用固然重要，却是由许多小信用积累而成的。有时候，守了一辈子信用，只因失去一个小信用而使唾手可得的生意泡汤。推销高手们是最讲信用的，有一说一，实事求是，言必信、行必果，对顾客以信用为先，以品行为本，使客户放心地同你做交易。

有一位成功的销售人员，每次登门推销总是随身带着闹钟。交谈一开始，他便说："我打扰您十分钟。"然后将闹钟调到十分钟的时间，时间一到闹钟便自动发出声响，这时他便起身告辞："对不起，十分钟到了，我该告辞了。"如果双方商谈顺利，对方会建议继续下去，那么，他便说："那好，我再打扰您十分钟。"于是闹钟又调到了十分钟。

大部分客户第一次听到闹钟的声音，很是惊讶，他便和气地解释："对不起，是闹钟声，我说好只打扰您十分钟的，现在时间到了。"客户对此的反应因人而异，绝大部分人说："嗯，你这个人真守信。"也有人会说："咳，你这人真死脑筋，再谈会儿吧！"

要做到诚信，是件很不容易的事情。而违反诚信法则的人，是无法在这个行业中生存下去的。那么，销售人员如何训练并且表现自己的真诚呢？下面是一些说真话的秘诀，它们有助于你成功推销自己。

不夸大事实。有些人吹牛吹得没有分寸，歪曲了事实。更可悲的是，时间一久，这些人也相信自己所夸大的事实了。因此，不要绕着事实恶作剧，不要在它的边缘兜圈子，更不要歪曲或渲染它。

三思而后言。这点其实很容易做到的。也许你讲话过快，以至于中心意思不够突出；或者你表达能力较差，无法有序表达自己的观点。这都不要紧。只要耐心等待，直到自己的声带与大脑完全合拍，这样你再开口则基本不会出现任何问题了。

用宽容调和矛盾。矛盾常常是尖锐的，但仍然要说出来。不过要采用适当的方法巧妙地化解矛盾，不要伤害双方的感情。

别为他人做掩护。有时候，你可能会遇到别人要求你为他说谎，或为他们掩饰实情。要记住，你不可以这样做。一个老板最差劲的行为，就是强迫雇员为他说谎，而这也是一个雇员要做的最困难的决定：我应该为老板说谎吗？先试着拒绝这样做，你将惊讶于自己的诚实和勇气。你的老板可能最惊讶，或许因此对你产生一份敬意，从此不再要求你为他掩饰。但是，如果他的反应不是这样呢？给你一个率直而诚恳的建议——辞职。

当然，你自己在出现错误的时候，也不能要求别人替你说谎掩饰，正所谓"己所不欲，勿施于人"。

「 90秒赢得顾客的心 」

所谓销售，其实就是说话，就是减少被客户拒绝的概率。这就要求我们选择正确的说话方式，令客户在最短的时间里接受你，进而接受你的产品。许多调查研究的结果都表明,销售、业务人员在第一次跟客户见面的前三分钟交谈中,客户就已经决定了是否接受你和你的产品。所以,我们必须在90秒内让客户对我们及我们的商品产生好感。

从实践经验来看,能够在最短时间内打开客户的心扉,应该采取以下方法:

第一,抓住谈话开始阶段的90秒。

许多人都非常重视谈话开始阶段的90秒,他们认为只要这段发言能够抓住对方的眼球,那么,交流就成功了一半。如果能在此基础上,一鼓作气,乘胜追击,就可以彻底地征服对方。在这有限的时间内,交流的最佳状态就是充分的自信。有些人赢了别人还让人觉得很舒服,有些人能够与客户长期地合作下去,这些人往往都采用了自信的表达方式。

也正因为这样,他们才能与对方构建一种可持续发展的伙伴关系,从而拓展自己所面对的机遇,提高成功的概率。

有一个推销员在向客户推销某种商品时这样说道:"时间比较仓促,我想推荐本公司的新产品,希望您一定要看一下。这种新产品占我们公司投资总额的8%,历时两年时间研制开发而成的。产品成功地使用了xx材料,这在同行业中尚属首例,填补了行业空白。我对这种产品非常有信心,相信它一定可以帮助到贵公司。所以,我才在第一时间向您郑重地推荐这种产品。"

通过这段介绍,我们能了解这名推销员的最终目标是卖出产品,同时还能感受到他对自己公司产品的深厚感情。但是,实际上他却离说服对方的目标越来越远了。这是因为这段介绍中没有一点儿对客户有利的信息。

这样一来,就会引起客户的怀疑,让客户觉得"开发成本高很可能是因为最初的模型费太贵了","从开发到现在花了两年时间,现在产品是不是已经过时了",从而在彼此间产生厚厚的隔阂。再加上客户经过考虑后,会发现"产品中是否使用了填补同行业空白的材料与我们公司无关，我们只关心这种材料到底是什么"，"推销员来上门推销，肯定是产品卖得不好"等，从而开始准备拒绝购买他的产品。

在谈话开始阶段的 90 秒内，最重要的是要遵守双赢模式。如果实现不了双赢的目标，就吸引不了对方的注意力，更谈不上征服对方了。客户关注的焦点始终是自己的利益。所以，你应该用通俗易懂的语言直接地向对方阐述清楚你的产品到底有什么优点，究竟会给对方带来多少好处。如果这个推销员这样说："这是我们公司的新产品，由于在研发时使用了新材料，成功地将产品的厚度减轻了一半，这在同行业中尚属首次。如果贵公司使用这种产品的话，可以大幅地节省仓库管理费。"

在经过 15 秒富于冲击力的自我介绍和 90 秒充满说服力的激情发言后，对方可能已经对你产生了一种信任感。如果再加上这么一段产品介绍的话，那么客户一定会认真地考虑你的提议。

在表达同一件事情时，如果表达方式和措辞不同的话，带给别人的感觉就不同。那些不善言辞或容易被别人哄骗的人，在说话时往往都会采用消极、被动的表达方式。正是由于他们在表达方式上存在着各种不足，要么乏善可陈，要么犹豫不决，才导致对方对其失去信心。同样，那些表达方式过于"激进"的人，也无法真正打动对方，得到对方的认同。赶上运气好的时候，可能偶尔会达成一两次，但实际上在胜利中已经埋下了失败的隐患。如果对方这次败下阵来，觉得丢了面子，到了下次交流的时候，一定会更加猛烈地"反扑"，这就加大了交流的难度，很难出现连战连捷或全面取胜的局面。

第二，采取双赢法则。

在现实生活中，每个人追求的利益都是不同的。因此，在交流的时候，先要了解客户所要追求的利益，然后弄清楚客户拒绝你的理由和支持你的条件，这一点非常重要。比如在谈价格的时候，客户要求你降价 5%，而你回应说："真的不能降那么多，最多只能让 3%。"这种情况下，往往会一人各让一步，最后在降价 4% 的价格上达成一致。表面看起来挺公平的，但实际上对双方而言，都没有达到预期的目的，是一种双输。就算你勉强让 4% 的价格，离对方的要求也还有一定的差距，对方是不会满意的。如果双方都感到不满意的话，就实现不了双赢。

与其围绕价格陷入无休止的拉锯战，还不如坦诚地和对方谈谈，听对方解释一下要降价 5% 的理由，看看对方是不是真的有诚意。或许对方只是想从整体上把原材料供货成本降低 5%，同样，你虽然只能让 3%，但是，可以在其他方面帮对方削减成本。

大家一般都只关注自己"想听的事情"，谈话的主题和内容也是如此。实际上，对不同的人而言，在听到同一个词和同一句话时，反应可能是完全不同的。因此，你要试着用心去听客户的谈话。只要你真正地用心去体会，就一定能发现客户喜欢用什么样的语言、客户介意什么样的语言和客户愿意听什么样的语言。这样一来，你就可以借用客户习惯的语言来巧妙地表达出自己的想法。寻找彼此之间的双赢点，就是博得客户好感，在最短的时间内打动客户的诀窍。

推销结束时，要说令客户印象深刻的结束语。结束语要注重着眼于未来，尽量为下次与对方合作奠定基础。不管这个基础多么薄弱，都要尽量争取。交流的实际效果也许并不明显，但也不必轻易地灰心丧气，因为即便是最低程度的认同，也可能带来巨大的成功。

畅快地结束必将给你带来更多的机会。在对待那些长期保持合作的客户时，往往不必过分讲究，因为以后交往的机会会很多。相反，在对待那些今后没有机会合作的客户时，更应该格外注意，礼数上必须做得周全。客户在拒绝你的时候，往往会感到抱歉和愧疚，而这时，你恰恰应该适时地做一些工作，来缓解对方的压力，拂去笼罩在对方心头的阴霾。另外，在和对方达成一致后，最好能说些表示感谢的话，让对方觉得支持你是正确的选择。除了口头上的感谢之外，如果能让对方感到你的诚意就更好了。例如："首先，对您支持我的计划表示感谢。在和您交流的过程中，我发现了许多值得深入研究的课题。为此,我需要再一次向您表达最诚挚的谢意。"你在这次合作结束时的一声"谢谢",就是下次成功的良好开端。

「 在不同场合搭讪时如何开场 」

搭讪直接开场,简洁明了,适用于完全没有说话理由的场合。比如目标是在大街上匆匆行走的美女,经典话语是:"你好,我想认识你。"话虽生硬但却非常实用。而当我们在夜店、书店、展会、旅行途中、朋友的婚礼中,对很多人来说,间接开场的方式则比较容易入手,因为这样符合我们跟陌生人初次谈话的习惯。

我们日常生活中比较常见的间接开场有很多,比如你要去一个地方,不知道怎么走,于是你就需要向人求助;又比如你去一个地方旅游,需要让别人帮助你拍照片,这些都是我们经常使用的间接开场搭讪。之所以使用间接开场的方式,是因为对于共处一个空间的搭讪者与被搭者来说,搭讪一旦不成功,就会让双方都陷入尴尬,而间接开场则有利于双方迅速撤离。

那么,在一些常见的场合进行搭讪时,有哪些搭讪技巧呢?下面的指导性做法相信一定对你有帮助。

在商场里搭讪,你可以选择人流少、相对开阔的地方,直接跑过去对选定的搭讪对象说:"你好,我想认识你。"根据对方的反应,行就行,不行就离开。

在街头搭讪,一定不要在四下无人的地方出手,尤其是晚上,要尽量找有路灯的地方再开口,这样显得你心胸坦荡、光明正大。因为对所有人来讲,在街头比在商场其安全感要低。在街头搭讪,用直接开场的方式比较好:"你好,我想认识你。"行就行,不行就离开。

在食堂、自习室、咖啡厅、快餐厅等,你可以走过去坐下,然后问道:"你好,我其实很想认识你,我能坐在这里吗？"行就行,不行就要起身离开。

在公交车、地铁车厢里、飞机上等场合搭讪最好用间接开场的方式,比如:"你的杂志能借我看看吗?""你的手机很漂亮。"如果使用直接开场的方式,它的麻烦在于,被拒绝时不能立即离开,因为是在车上或飞机上,你和对方面子都将很不好受。如果实在找不到话题,可你又非常想认识对方,那就跟踪对方一起下车或下飞机,然后在路上用直接开场的方式搭讪。

在校园里搭讪,选择直接、间接开场都可以。比如,搭讪一个背着画板的目标,间接开场可能就会先从美术聊起,而直接开场则还是先表明来意,确定目标态度友好之后,再聊画画。很多人有一个误区,以为直接开场会影响自己给别人的第一印象,而间接开场能让自己有更多表现内在美的机会,其实间接开场的唯一好处就是不让对方尴尬。